王龙俊 姜 东 等 编著

图说小麦

小麦概况

小麦的一生

小麦产量形成

小麦品质

小麦生产管理

小麦轮作与间套复种

小麦仓储与物流

小麦加工与消费利用

小麦文化

小麦之谜

江苏凤凰科学技术出版社·南京

国家一级出版社 全国百佳图书出版单位

图书在版编目（CIP）数据

图说小麦 / 王龙俊等编著 . — 南京：江苏凤凰科
学技术出版社，2018.6（2024.6 重印）
ISBN 978-7-5537-9040-4

Ⅰ.①图　Ⅱ.①王　Ⅲ.①小麦 - 图解 Ⅳ.
① S512.1-64

中国版本图书馆 CIP 数据核字 (2018) 第 039825 号

图说小麦

编　　著　王龙俊　姜　东　等
责任编辑　沈燕燕　张小平
装帧设计　蕉莽莽
责任校对　仲　敏
责任监制　刘文洋

出 版 发 行　江苏凤凰科学技术出版社
出版社地址　南京市湖南路 1 号 A 楼，邮编：210009
出版社网址　http://www.pspress.cn
印　　　刷　南京新世纪联盟印务有限公司

开　　本　787 mm×1092 mm　1/16
印　　张　4.25
字　　数　110 000
版　　次　2018 年 6 月第 1 版
印　　次　2024 年 6 月第 8 次印刷
印　　数　59 431~70 450
标准书号　ISBN 978-7-5537-9040-4
审 图 号　GS（2018）1168 号
定　　价　35.00 元

高度重视科技普及，是习近平总书记一以贯之的思想理念。早在 2012 年 9 月 15 日，习近平总书记在中国农业大学同首都群众和大学生一起参加全国科普日主场活动时就指出："各级党委和政府要坚持把抓科普工作放在与抓科技创新同等重要的位置，支持科协、科研、教育等机构广泛开展科普宣传和教育活动，不断提高我国公民科学素质。"2016 年 5 月 30 日，习近平总书记在"科技三会"上进一步强调："科技创新、科学普及是实现创新发展的两翼，要把科学普及放在与科技创新同等重要的位置。没有全民科学素质普遍提高，就难以建立起宏大的高素质创新大军，难以实现科技成果快速转化……"

小麦是全世界第一大粮食作物，全世界人民都主食或消费小麦，因而被称为"世界的粮食"。长期以来，由于我国人多地少，过分强调高产而忽视品质，导致一方面小麦总量相对过剩，另一方面优质专用小麦又依赖进口。我国小麦在科研、生产、流通、加工等领域各自为战，相互脱节，缺乏协调，优质小麦种植面积、产量、质量、技术、价格不稳定，在整个小麦产业链条中，科研滞后于生产，生产滞后于流通和加工，面粉加工又滞后于食品加工业，制约了优质小麦产业的发展。

目前，小麦从育种、栽培到加工、消费等各个领域的科技书籍非常丰富，但大多以文字为主，可读性、趣味性不足，在高效率、快节奏的当今时代，难以做到通俗易懂、老少咸宜。因此，编写组有了创作《图说小麦》的想法，经多次研讨，期望达成创新、融合、协同的目标，为小麦产业提供科普趣味读物。在本书编制方法上，用科普的理念力求创新：一是高度集成、包容兼顾。在对小麦产业相关的科学、技术、产品等知识消化吸收的基础上，进行再创作，以图表结合、图文并茂的独特形式呈现给读者，并成为全面反映我国小麦产业的精美图册。二是编排别致、寓学于用。编制体例主要按照时序节点对应编排（如小麦生长发育、产量和品质形成以及相关的生产管理技术措施等），或按知识点版块对应编排（如小麦概况、流通、加工、文化、展望等），方便读者阅读、理解、掌握和应用，使外行也能看得懂、学得会。三是小视频观赏。限于篇幅，许多科普要素不太能够详尽和互动，本书在小麦基础知识、生产管理、市场流通、加工利用等领域，拍摄制作了29个小视频，并以二维码形式放在书中，让读者扫码链接，在不增加读者支出的基础上，用日趋普及的手机或平板电脑，更详尽、更直观地观看具体的影像及操作画面，以扩大知识面和增强直观感，提高本书的易读性和吸引力。

　　本书以产业链的视角，力求与小麦相关的第一、第二、第三产业融合，共分为10个部分。第1~4部分介绍小麦的概况、生长发育、产量与品质形成等基础知识与基本原理，分别由王笑、黄梅、姜东、周琴负责组织相关专家编制并由姜东审核汇总；第5~6部分介绍小麦生产管理和种植模式，由王龙俊、蔡剑、杨荣明等组织编制；第7~8部分介绍小麦流通和加工利用，由王龙俊、陈艳、张春良等组织编制；第9~10部分凝练小麦文化和展望未来，分别由王龙俊、姜东负责组织编制。王龙俊、姜东对全书进行了统筹与编制协调。本书适合从事小麦教学、科研、生产、加工、流通、管理等领域的专业技术人员拓展阅读参考，更可为广大麦农、种田大户科学种田以及小麦产业市场主体精准采购提供科普培训宣传理念，也可供城乡居民消费和制作小麦食品、产品提供借鉴，还可作为农业院校教学及农业农村培训的辅助教材。

　　衷心感谢所有参编人员精心编撰或提供图文、视频资料，感谢江苏凤凰科学技术出版社有限公司、南方小麦交易市场、中粮厦门海嘉面粉有限公司等单位以及国家小麦产业技术体系、江苏省小麦产业技术体系的大力支持和帮助，特邀农业农村部全国小麦专家指导组组长郭文善教授、全国农业技术推广服务中心吕修涛处长、北京市农业技术推广站王俊英研究员审阅指导，在此深表谢意！编制过程中，除参考文献附录列出的公开出版物外，还参考了一些其他资料和研究成果，同致谢意！真诚地希望《图说小麦》成为广大读者喜爱的读物！受编者水平和能力的限制，书中错漏之处在所难免，欢迎广大读者批评指正！

王龙俊　姜　东

2018年5月

目录

正文目录

小视频目录

小视频二维码手机扫码播放说明（扫码时请注意页面平整，光线充足）

方法 1：打开微信"扫一扫"→扫描二维码→点击"继续访问"→点击播放箭头 ▶

方法 2：打开手机任意浏览器（如 UC 浏览器）→点击右上方搜索框中"相机"图标→扫描二维码→点击播放箭头 ▶

《图说小麦》
小视频汇总

1 小麦概况

长期以来，小麦流传的说法有"人类最古老的粮食""神下凡时留给人间的粮食""所有谷物的祖先"等。小麦是最早被种植并大量储备的谷物之一，它让人类从狩猎采集时代进入了农耕时代，并协助人类建立起城邦国家，进而发展成巴比伦河亚述帝国。小麦最初是中东新月沃土（Fertile Crescent）地带和亚洲西南部的野生植物。人们根据考古学证据追溯小麦的起源，发现它原本只是野草，如野生二粒小麦（*Triticum dicoccoides*），在公元前 1.1 万年，人们在伊拉克采集它作为食物；还有一粒小麦（*T. monococcum*），它于公元前 7800 至公元前 7500 年生长在叙利亚地区。在公元前 5000 年之前，人们就已经在埃及的尼罗河谷种植了小麦。

小麦的起源与传播示意图

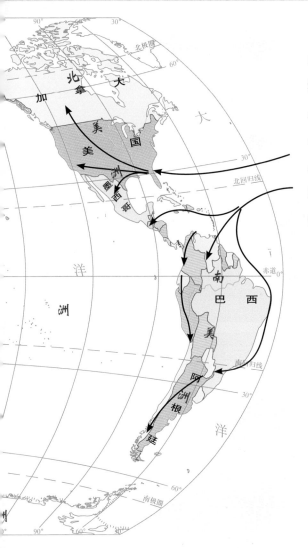

关于小麦的演化有多种学说，最经典的观点是：野生的二倍体种有两个种，即野生一粒小麦（*T. boeoticum*，染色体组 A^bA^b）和乌拉尔图小麦（*T. urartu*，染色体组 A^uA^u）。野生一粒小麦经驯化演变为二倍体栽培一粒小麦（*T. monococcum*）。乌拉尔图小麦与拟斯卑尔脱山羊草（*Aegilops speltoides*，染色体组 BB）发生天然杂交，其杂种经染色体自然加倍后产生野生二粒小麦（*T. Dicoccoides*，染色体组 AABB），再经驯化演变为四倍体栽培二粒小麦（*T. Dicoccum*，染色体组 AABB），后又演化成硬粒小麦（*T. durum*）、圆锥小麦（*T. turgidum*）和波兰小麦（*T. polonicum*）等。栽培二粒小麦与节节麦（又称粗山羊草，*T. Tauschii*，染色体组 DD）发生天然杂交，其杂种经染色体自然加倍后，产生了目前全球广泛种植的六倍体普通小麦（*T. Aestivum*，染色体组 AABBDD）。

现今普遍认为，小麦起源于中东的新月沃土地带，这个地带大体包括现今的以色列、巴勒斯坦、黎巴嫩、约旦、叙利亚、伊拉克东北部和土耳其东南部。小麦的传播是从西亚、近东一带传入欧洲和非洲，并东向印度、阿富汗、中国传播，然后扩散到新大陆。

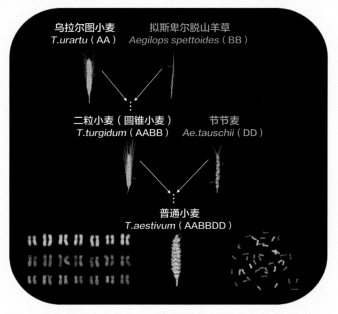

小麦进化演变示意简图

类别	播种期	生育特性	皮色	胚乳质地
1	春小麦	春性	红麦	硬质麦
2	冬小麦	冬性	白麦	软质麦
3	—	半冬性	混合麦	半硬质
4	—	—	彩色麦	—

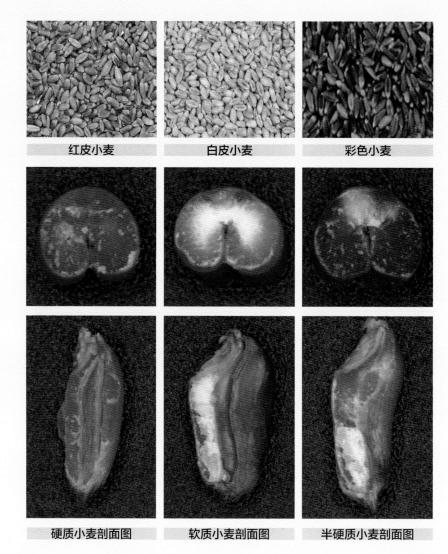

红皮小麦　　　白皮小麦　　　彩色小麦

硬质小麦剖面图　　　软质小麦剖面图　　　半硬质小麦剖面图

普通小麦多作如下分类：一是按播种期，可分为冬小麦和春小麦。我国以冬小麦为主，在秋天或初冬播种，次年夏季收获；春小麦则在春天播种，当年夏秋收获。二是按生育特性，可分为春性小麦、冬性小麦及半冬性小麦。三是按小麦粒色，可分为红（皮）小麦、白（皮）小麦和红白混合的花（皮）小麦。四是按小麦籽粒胚乳质地，可分为硬质小麦、半硬质小麦和软质小麦。硬质小麦以角质胚乳为主，结构紧密，蛋白质含量高，面筋品质大多趋于强筋，主要用于制作面包、拉面等，但也有硬质小麦面筋不强的例外；而软质小麦以粉质胚乳为主，结构疏松，蛋白质含量低，面筋筋力大多较弱，主要用于制作蛋糕和饼干等。

1.3 小麦分布

根据 21 世纪初以来的小麦种植区划方案，将我国小麦产区大致分为 10 个区域，包括北部冬麦区、黄淮海冬麦区、长江中下游冬麦区、华南冬麦区、西南冬麦区、北部春麦区、东北春麦区、西北春麦区、新疆冬春麦区和青藏高原春冬麦区。随着种植结构调整，面向小麦主要产区，逐步形成具有比较优势的黄淮海小麦优势区，长江中下游小麦优势区，西南小麦优势区，西北小麦优势区和东北小麦优势区。

每个点代表小麦种植面积约 20 万亩

- 黄淮海小麦优势区
- 长江中下游小麦优势区
- 西南小麦优势区
- 西北小麦优势区
- 东北小麦优势区

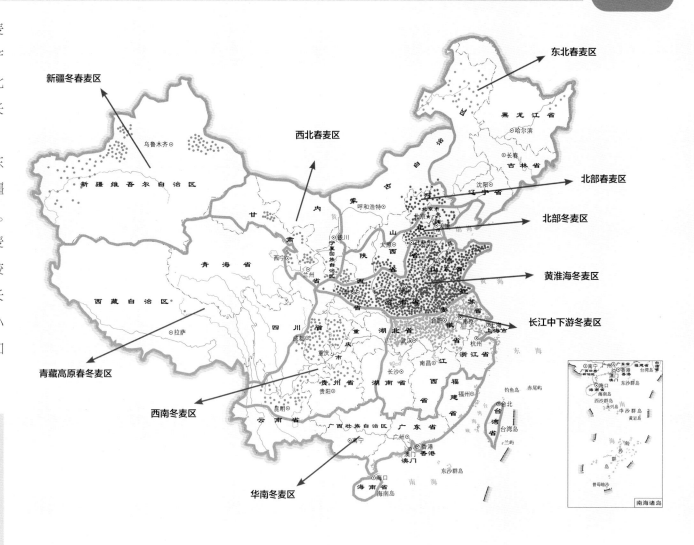

中国小麦种植区域与产区分布示意图

营 养 生 长

营 养 生 长 & 生 殖 生 长

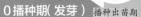

0播种期(发芽) | 播种出苗期 | 1苗期 | 2分蘖期 | 分蘖期 | 3拔节期 | 拔节期 | 4孕穗期

干种子

吸水膨胀

露白

胚根

胚芽

胚根胚芽长出

小麦种子

种子根伸长,第1叶展开

第2叶长出

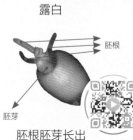

第3叶长出

小麦的根

小麦分蘖发生过程中,基部分蘖节处随着每个分蘖的发生长出2~3条次生根,又称节根。次生根比种子根粗,随着生长会由粗变细并发生多级分支根。

拔节期单株

大田拔节

剑叶(旗叶)展开,开始孕穗

伸长期 | 单棱期 | 二棱期 | 护颖原基分化期 | 雌雄蕊原基分化期

解剖镜下的小麦幼穗分化图

幼穗发育

小麦的穗

小麦节间伸长及穗发育

小麦的茎

营养生长＆生殖生长

生 殖 生 长

孕穗抽穗期 **5 抽穗期** | **6 开花期** | **7 籽粒形成期** | **8 灌浆充实期** 开花灌浆成熟期 **9 成熟期**

始穗期

开花盛花期

花后籽粒形成期

籽粒充实期

籽粒蜡熟期

抽穗中期

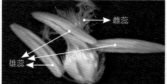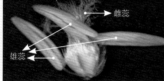
雌蕊

雄蕊

雌蕊和雄蕊

1 4 10 17 22 28 30 32 34 36 40

小麦籽粒开花后不同天数的形态（数字为开花后天数）

抽穗后期

小穗开花，雄蕊伸出颖壳

小麦籽粒

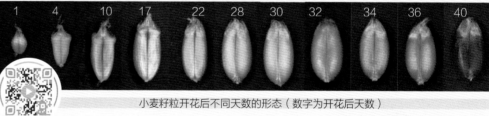

籽粒完熟期

单穗抽出过程

自交授粉

花后籽粒含水量、鲜重、干重变化图

图例：含水率、鲜重、干重
含水率（%）／干粒重（克）／开花后天数（天）

大田小麦晚收，发生倒伏

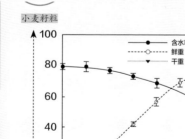

主茎叶龄	可能发生的分蘖				单株总茎数（不计胚芽鞘蘖）	11 叶小麦	13 叶小麦
	一级分蘖	二级分蘖	三级分蘖	胚芽鞘蘖			
3				C	1	起始叶龄期	起始叶龄期
4	I				2	有效分蘖可靠叶龄期	有效分蘖可靠叶龄期
5	II				3		
6	III	I_P			5	有效分蘖临界叶龄期	
7	IV	II_P、1_1			8	无效分蘖发生期	有效分蘖临界叶龄期
8	V	III_P、II_1、1_2	I_{P-P}		13		
9	VI	IV_P、III_1、II_2、1_3	II_{P-P}、1_{1-P}、1_{P-1}		21		无效分蘖发生期
10	…	…	…		…	无效分蘖衰亡期	
11					…		
12					…		无效分蘖衰亡期
13					…		

注：一级分蘖用罗马数字 I、II、III…表示；二级及以下分蘖用阿拉伯数字：1、2、3…表示；鞘蘖用字母 P 表示；胚芽鞘蘖用字母 C 表示（田间条件下，C 很少出现，所以一般不计入总茎数）。

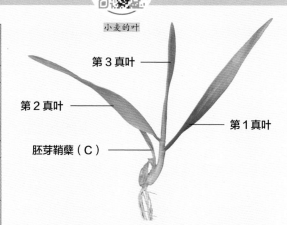

3 叶期含胚芽鞘蘖（C）的分蘖类型

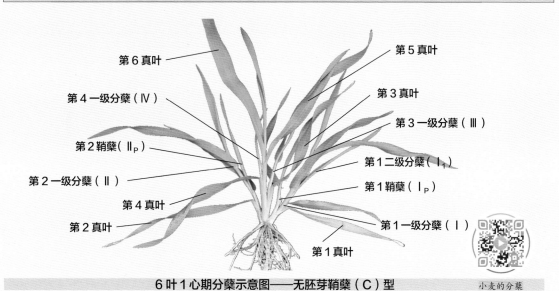

6 叶 1 心期分蘖示意图——无胚芽鞘蘖（C）型

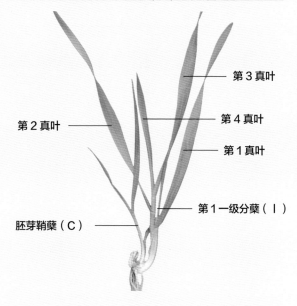

4 叶期含胚芽鞘蘖（C）的分蘖类型

0 播种期	1 苗期	2 分蘖期	3 拔节期	4 孕穗期	5 抽穗期	6 开花期	7 籽粒形成期	8 灌浆充实期	9 成熟期

长根、长叶、长蘖		根、叶、蘖、茎生长、穗分化发育			籽粒形成、灌浆

决定穗数	巩固穗数			
	决定粒数		
	决定粒重	

春化阶段（感温阶段）
小麦在发芽和出苗后，需经过一定时间和一定程度的低温才能进入生殖生长阶段。温度起主导作用。

光照阶段
小麦通过春化后，需经过一定的日照时间才能完成生殖器官的生长发育，开花结实。

注：日照长度（时数）起主导作用，温度也会影响光照发育的进行，低于4℃则不能进行光照阶段，高于25℃或低于10℃都会延缓光照发育进程。

分类		温度条件	天数要求	分类	日照条件	天数要求
春性品种	南方秋播	0~12℃	5~15天 春播可抽穗	反应迟钝型	8~12 小时	16 天以上
	北方春播	5~20℃				
半冬性品种		0~7℃	15~35天 春播延迟或不抽穗	反应中等型	12 小时左右	25 天左右
冬性品种		0~3℃	30 天以上 春播不抽穗	反应灵敏型	12 小时以上	30~40 天

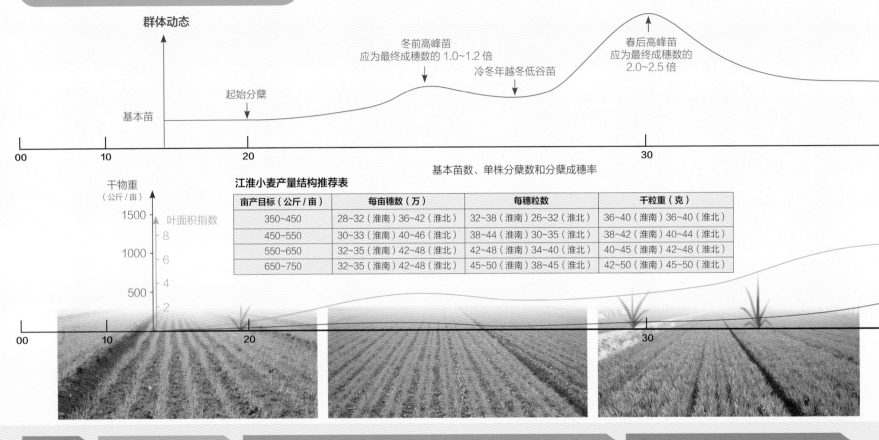

群体动态

冬前高峰苗
应为最终成穗数的 1.0~1.2 倍

冷冬年越冬低谷苗

春后高峰苗
应为最终成穗数的
2.0~2.5 倍

起始分蘖

基本苗

00   10   20   30

基本苗数、单株分蘖数和分蘖成穗率

干物重
（公斤/亩）

叶面积指数

1500

1000

500

江淮小麦产量结构推荐表

亩产目标（公斤/亩）	每亩穗数（万）	每穗粒数	千粒重（克）
350~450	28~32（淮南）36~42（淮北）	32~38（淮南）26~32（淮北）	36~40（淮南）36~40（淮北）
450~550	30~33（淮南）40~46（淮北）	38~44（淮南）30~35（淮北）	38~42（淮南）40~44（淮北）
550~650	32~35（淮南）42~48（淮北）	42~48（淮南）34~40（淮北）	40~45（淮南）42~48（淮北）
650~750	32~35（淮南）42~48（淮北）	45~50（淮南）38~45（淮北）	42~50（淮南）45~50（淮北）

00   10   20   30

0 播种期　　**1 苗期**　　　　　　　**2 分蘖期**　　　　　　　　　　**3 拔节期**

00 干种子
（播种）；

03 湿种子膨胀直至结束；

05 胚根从种子伸出；

07 胚芽鞘从种子伸出；

09 芽鞘顶出土，
第 1 叶叶片尖叶可见。

09

10【**出苗期**】第 1 叶抽出
芽鞘 2 厘米；

11【**1 叶期**】第 1 叶抽出；

12【**2 叶期**】第 2 叶抽出；

13【**3 叶期**】第 3 叶抽出；

……

一旦发生分蘖则按 **21** 计。

11   12   13   21

21 第 1 分蘖可见，分蘖开始；

22 第 2 分蘖可见；

23 第 3 分蘖可见；

【**越冬期**】日均温稳定 ≤ 3℃，麦苗生长缓慢，冷冬年近乎停滞；

【**返青期**】日均温稳定 ≥ 3℃，麦田叶色开始转绿；

第 n 分蘖可见；……

如果拔节开始，则按 **31** 计。

23

31【**生物学拔节（起身）期**】50% 植株基部第 1 节间伸长 2 厘米，倒 4 叶抽出；

32【**物候学拔节期**】50% 植株基部节间露出地面 2 厘米，即第 2 节间伸长 2 厘米，倒 3 叶抽出；

33 50% 植株第 3 节间伸长 2 厘米，倒 2 叶抽出；

37 剑叶（旗叶）露尖。

31   32   37

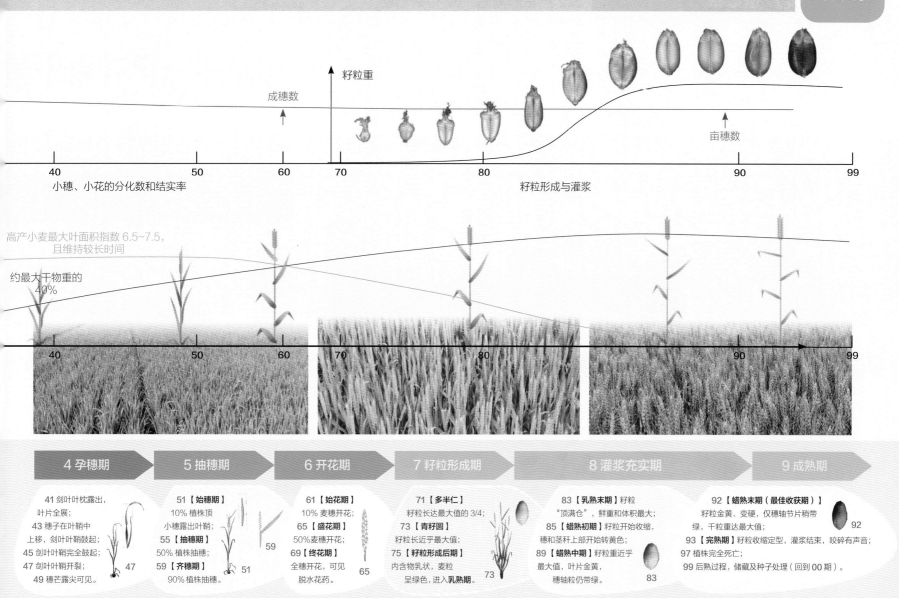

籽粒重

成穗数

亩穗数

小穗、小花的分化数和结实率

籽粒形成与灌浆

高产小麦最大叶面积指数 6.5~7.5，且维持较长时间

约最大干物重的 40%

4 孕穗期
41 剑叶叶枕露出，叶片全展；
43 穗子在叶鞘中上移，剑叶叶鞘鼓起；
45 剑叶叶鞘完全鼓起；
47 剑叶叶鞘开裂；
49 穗芒露尖可见。

5 抽穗期
51【始穗期】10% 植株顶小穗露出叶鞘；
55【抽穗期】50% 植株抽穗；
59【齐穗期】90% 植株抽穗。

6 开花期
61【始花期】10% 麦穗开花；
65【盛花期】50% 麦穗开花；
69【终花期】全穗开花，可见脱水花药。

7 籽粒形成期
71【多半仁】籽粒长达最大值的 3/4；
73【青籽圆】籽粒长近乎最大值；
75【籽粒形成后期】内含物乳状，麦粒呈绿色，进入**乳熟期**。

8 灌浆充实期
83【乳熟末期】籽粒"顶满仓"，鲜重和体积最大；
85【蜡熟初期】籽粒开始收缩，穗和茎秆上部开始转黄色；
89【蜡熟中期】籽粒重近乎最大值，叶片金黄，穗轴粒仍带绿。

9 成熟期
92【蜡熟末期（最佳收获期）】籽粒金黄、变硬，仅穗轴节片稍带绿，千粒重达最大值；
93【完熟期】籽粒收缩定型，灌浆结束，咬碎有声音；
97 植株完全死亡；
99 后熟过程，储藏及种子处理（回到 00 期）。

"源·库·流"关系用来形象描述小麦的产量形成，可以理解为以冰山雪水融化或降雨为源，经溪谷流入江河，最终汇入湖库。

- 源指叶片形成的光合产物，广义也含根系从土壤吸收的营养
- 源（生物产量）= 光合速率 × 光合面积 × 光合时间 − 呼吸消耗
- 源决定了最大的产量潜力

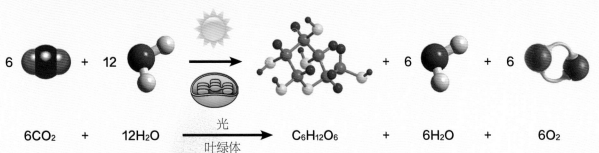

$$6CO_2 + 12H_2O \xrightarrow[\text{叶绿体}]{\text{光}} C_6H_{12}O_6 + 6H_2O + 6O_2$$

- 库即指籽粒，库容大小决定了最终的产量水平
- 从群体角度，库容可用产量构成因素（单位面积穗数 × 每穗粒数 × 千粒重）来表达，三因素乘积越大，产量越高
- 从光合性能角度，籽粒产量（库）= 生物产量（源）× 收获指数（流）

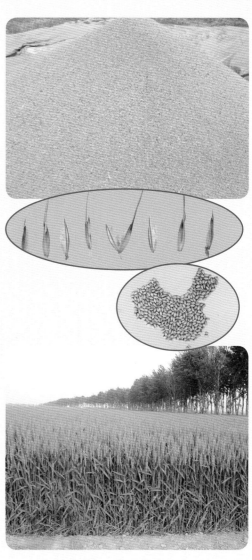

- 流对应茎秆等组织中的维管组织，将源营养输送到籽粒库
- 流 = 收获指数或经济系数
- 流畅是高产的重要前提

（维管束）

氮

冬前分蘖期是小麦第一个吸氮高峰期，需施足基肥，必要时再补追促蘖肥，以促进冬前分蘖发生，形成冬前壮苗。

拔节前不宜追氮，减少无效分蘖、防基部节间过长。

磷

苗期虽然吸磷强度不高，但却是小麦磷营养的临界期，缺磷会严重影响根系生长和分蘖发生。所以，切记基肥中要有充足的磷噢！

钾

苗期小麦植株就能积累一定量的钾元素，基肥也应该提供充足的钾肥，占总量的一半就可以啦！

出苗－分蘖	分蘖－越冬始	越冬期	返青－拔节	拔节－孕穗

0 播种期	1 苗期	2 分蘖期	3 拔节期

0 播种期

00 干种子（播种）；
03 湿种子膨胀直至结束；
05 胚根从种子伸出；
07 胚芽鞘从种子伸出；
09 芽鞘顶出土，
第 1 叶叶片叶尖可见。

09

1 苗期

10【出苗期】第 1 叶抽出
芽鞘 2 厘米；
11【1 叶期】第 1 叶抽出；
12【2 叶期】第 2 叶抽出；
13【3 叶期】第 3 叶抽出；
……
一旦发生分蘖则按 21 计。

11
12
13
21

2 分蘖期

21 第 1 分蘖可见，分蘖开始；
22 第 2 分蘖可见；
23 第 3 分蘖可见；……
【越冬期】日均温稳定≤3℃，麦苗生长缓慢，冷冬年近乎停滞。
【返青期】日均温稳定≥3℃，麦田叶色开始转绿；
第 n 分蘖可见；
如果拔节开始，则按 31 计。

23

3 拔节期

31【生物学拔节（起身）期】50% 植株基
部第 1 节间伸长 2 厘米，倒 4 叶抽出；
32【物候学拔节期】50% 植株基部节间
露出地面 2 厘米，即第 2 节间
伸长 2 厘米，倒 3 叶抽出；
33 50% 植株第 3 节间伸长 2 厘米，倒 2 叶抽出；
37 剑叶（旗叶）露尖。

31
32
37

花后根系吸氮能力弱，不再施氮肥以防贪青晚熟。灌浆期有早衰症状时，可配合一喷三防，叶面喷施尿素、磷酸二氢钾或生化制剂等。

拔节－孕穗－开花阶段是小麦吸氮高峰期，高产小麦应重施拔节（孕穗）肥。

拔节－孕穗阶段是磷吸收的高峰，孕穗后吸磷依然强劲，开花－成熟阶段仍然有较高的磷吸收。所以，拔节期最好能追施部分磷肥！

拔节－孕穗－开花阶段是钾的高效吸收期，拔节肥中能追施总量一半的钾肥有利于高产！

小麦开花后从土壤中吸收钾营养偏少，并且钾在小麦体内是高度移动的，在后期反而会出现钾从植株淋失到土壤中。灌浆期喷施钾肥会有出其不意的效果！

孕穗－开花	开花－成熟

4 孕穗期 **5 抽穗期** **6 开花期** **7 籽粒形成期** **8 灌浆充实期** **9 成熟期**

41 剑叶叶枕露出，叶片全展；
43 穗子在叶鞘中上移，剑叶叶鞘鼓起；
45 剑叶叶鞘完全鼓起；
47 剑叶叶鞘开裂；47
49 穗芒露尖可见。

51 【始穗期】10% 植株顶小穗露出叶鞘；
55 【抽穗期】50% 植株抽穗；
59 【齐穗期】90% 植株抽穗。 51 59

61 【始花期】10% 麦穗开花；
65 【盛花期】50% 麦穗开花；
69 【终花期】全穗开花，可见脱水花药。 65

71 【多半仁】籽粒长达最大值的 3/4；
73 【青籽圆】籽粒长近乎最大值；
75 【籽粒形成后期】内含物乳状，麦粒呈绿色，进入**乳熟期**。 73

83 【乳熟末期】籽粒"顶满仓"，鲜重和体积最大；
85 【蜡熟初期】籽粒开始收缩，穗和茎秆上部开始转黄色；
89 【蜡熟中期】籽粒重近乎最大值，叶片金黄，穗轴粒仍带绿。 83

92 【蜡熟末期（最佳收获期）】籽粒金黄、变硬，仅穗轴节片稍带绿，千粒重达最大值； 92
93 【完熟期】籽粒收缩定型，灌浆结束，咬碎有声音；
97 植株完全死亡；
99 后熟过程，储藏及种子处理（回到 00 期）。

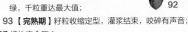

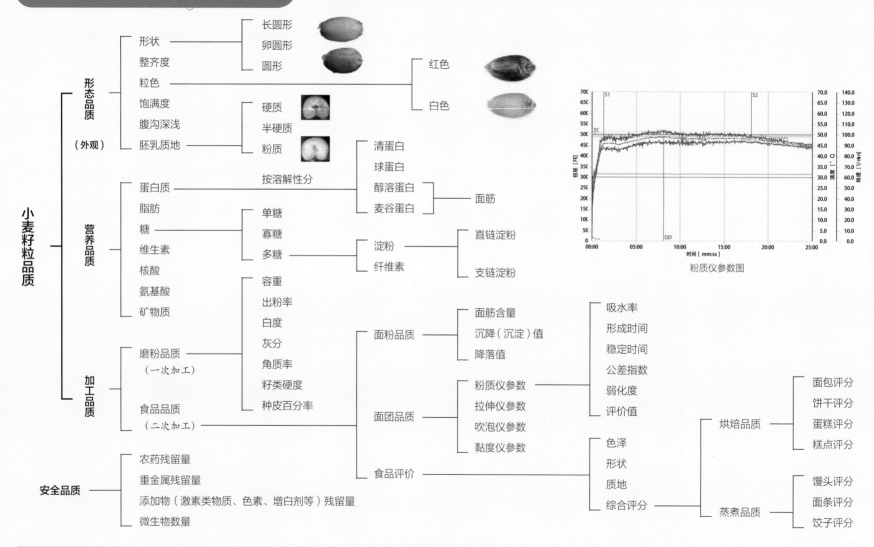

粉质仪参数图

小麦籽粒品质的分类指标

中华人民共和国国家标准——小麦 GB 1351—2008

等级	容重（克/升）	不完善粒（%）	杂质		水分（%）	色泽、气味
			总量	其中：矿物质		
1	≥ 790	≤ 6.0	≤ 1.0	≤ 0.5	≤ 12.5	正常
2	≥ 770					
3	≥ 750	≤ 8.0				
4	≥ 730					
5	≥ 710	≤ 10.0				
等外	< 710	—				

中华人民共和国国家标准——优质小麦标准

项目		优质强筋小麦 GB/T 17892—1999		优质弱筋小麦 GB/T 17893—1999
		一等	二等	
籽粒	粗蛋白质（%，干基）	≥ 15.0	≥ 14.0	≤ 11.5
小麦粉	湿面筋（%，14% 水分基）	≥ 35.0	≥ 32.0	≤ 22.0
	面团稳定时间（分钟）	≥ 10.0	≥ 7.0	≤ 2.5

小麦品种品质分类 GB/T 17320—2013

项目		强筋	中强筋	中筋	弱筋
籽粒	硬度指数	≥ 60	≥ 60	≥ 50	< 50
	粗蛋白质（%，干基）	≥ 14.0	≥ 13.0	≥ 12.5	< 12.5
小麦粉	湿面筋（%，14% 水分基）	≥ 30	≥ 28	≥ 26	< 26
	沉淀值（毫升，Zeleny 法）	≥ 40	≥ 35	≥ 30	< 30
	吸水量（毫升/100 克）	≥ 60	≥ 58	≥ 56	< 56
	稳定时间（分钟）	≥ 8.0	≥ 6.0	≥ 3.0	< 3.0
	最大拉伸阻力（EU）	≥ 350	≥ 300	≥ 200	—
	能量（平方厘米）	≥ 90	≥ 65	≥ 50	—

小麦品种 ——"种类繁多、特性各异"

国产小麦

强筋白麦　　强筋红麦　　弱筋红麦

进口小麦

硬白麦　　硬红麦　　软白麦　　软红麦

优质小麦：籽粒饱满、均匀、无损伤，具有小麦天然的清香味，营养品质和加工品质均达到较高水平。

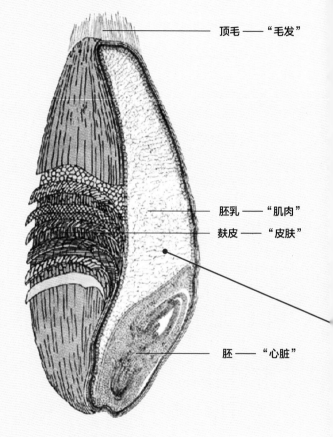

顶毛 ——"毛发"

胚乳 ——"肌肉"
麸皮 ——"皮肤"

胚 ——"心脏"

麦粒虽小，"五脏"俱全

顶毛：须状，脱粒时被除去。
麸皮：小麦的果实叫颖果，又称种子。1~3 层为果皮，4~6 层为种皮，果皮与种皮紧密愈合不易分离。
胚：含有丰富的营养物质和酶类，不易储存。
胚乳：是制造面粉的主要部分，内含淀粉和面筋。

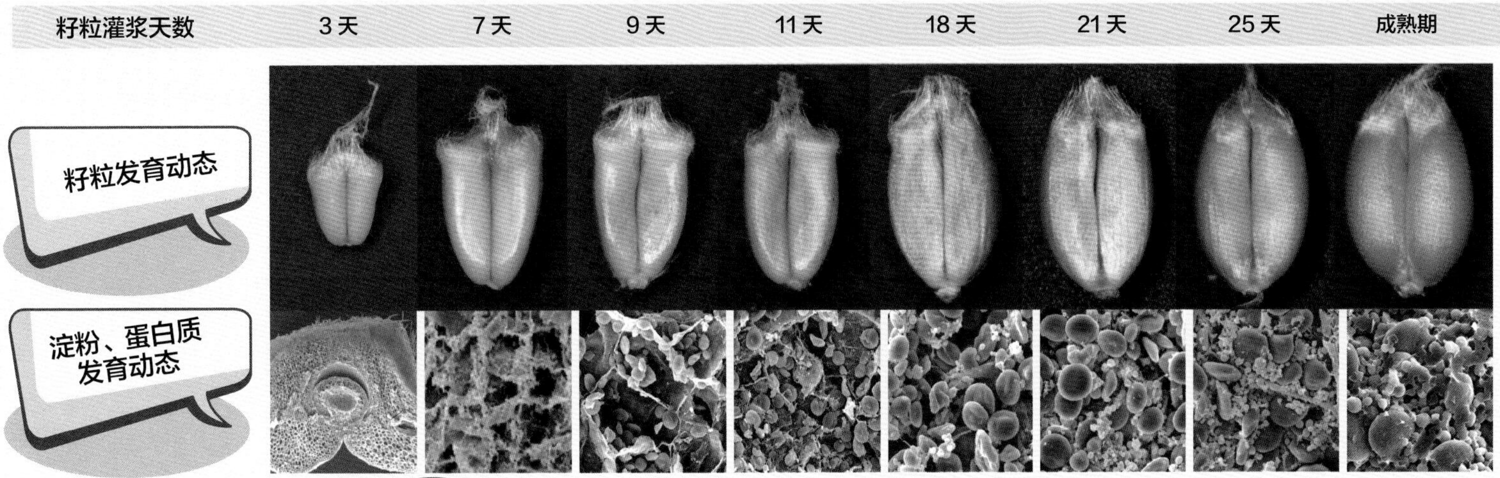

| 籽粒灌浆天数 | 3天 | 7天 | 9天 | 11天 | 18天 | 21天 | 25天 | 成熟期 |

籽粒发育动态

淀粉、蛋白质发育动态

随着籽粒的发育，胚乳中淀粉粒数量增加、体积增大，蛋白质合成逐渐增多。

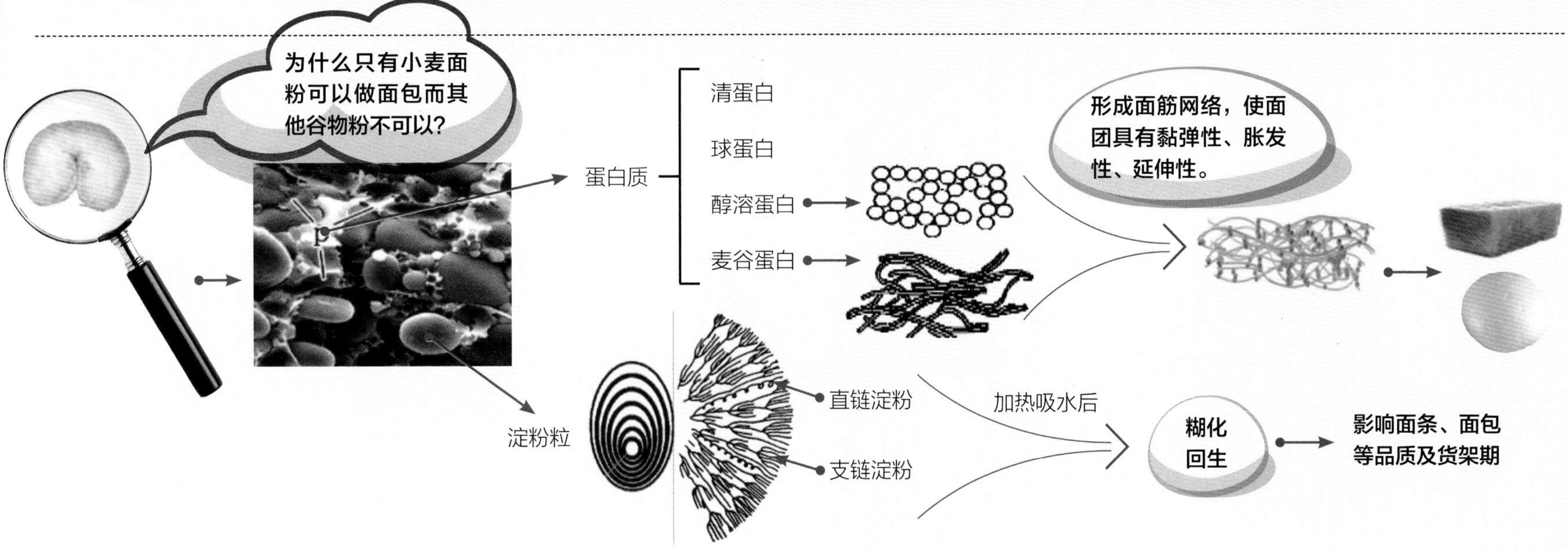

为什么只有小麦面粉可以做面包而其他谷物粉不可以？

蛋白质
- 清蛋白
- 球蛋白
- 醇溶蛋白
- 麦谷蛋白

形成面筋网络，使面团具有黏弹性、胀发性、延伸性。

淀粉粒
- 直链淀粉
- 支链淀粉

加热吸水后

糊化回生

影响面条、面包等品质及货架期

小麦面粉湿面筋含量（%）

22　　24　　26　　28

原商业部标准 SB/T 10136 ~10143—93

专用粉名称	水分 (%)	湿面筋含量（%）		稳定时间（分钟）		降落值 (S)
		一等	二等	一等	二等	
面包粉	≤ 14.5	≥ 33.0	≥ 30.0	≥ 10.0	≥ 7.0	250~350
面条粉	≤ 14.5	≥ 28.0	≥ 26.0	≥ 4.0	≥ 3.0	≥ 200
饺子粉	≤ 14.5	28.0~32.0	28.0~32.0	≥ 3.5	≥ 3.5	≥ 200
馒头粉	≤ 14.0	25.0~30.0	25.0~30.0	≥ 3.0	≥ 3.0	≥ 250
发酵饼干粉	≤ 14.0	24.0~30.0	24.0~30.0	≤ 3.5	≤ 3.5	250~350
酥性饼干粉	≤ 14.0	22.0~26.0	22.0~26.0	≤ 2.5	≤ 3.5	≥ 150
蛋糕粉	≤ 14.0	≤ 22.0	≤ 24.0	≤ 1.5	≤ 2.0	≥ 250
糕点粉	≤ 14.0	≤ 22.0	≤ 24.0	≤ 1.5	≤ 2.0	≥ 160

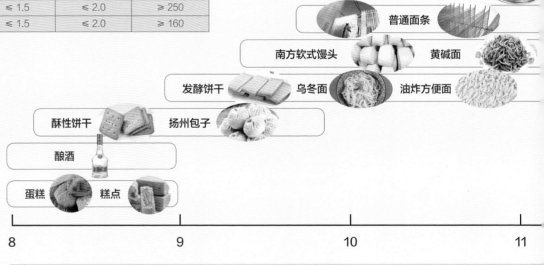

普通面条

南方软式馒头　　黄碱面

发酵饼干　　乌冬面　　油炸方便面

酥性饼干　　扬州包子

酿酒

蛋糕　　糕点

小麦籽粒蛋白质含量（%）

8　　9　　10　　11

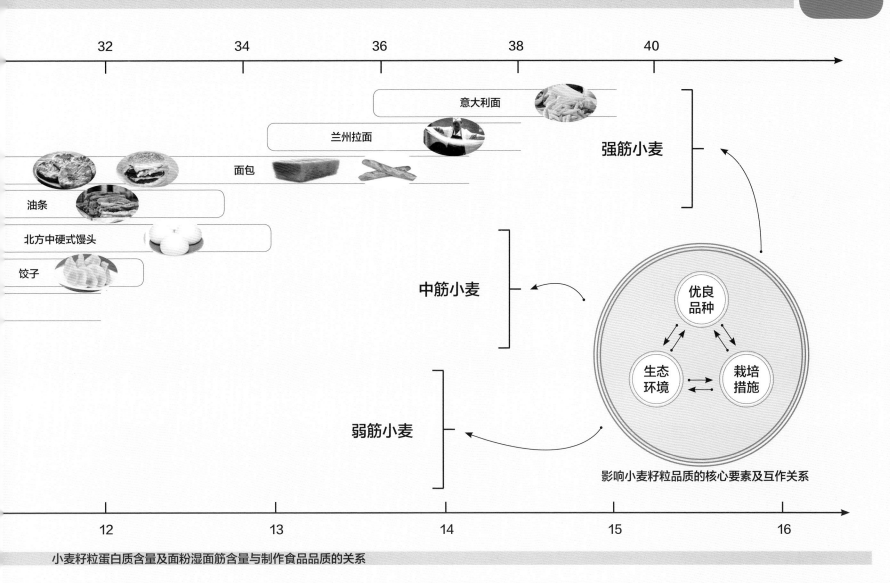

小麦籽粒蛋白质含量及面粉湿面筋含量与制作食品品质的关系

稻茬小麦标准化种植　　播种出苗期田间管理

土壤耕层剖面

① 覆盖层	0~3 厘米厚，水肥气热通过该层与大气交换，保护种子。
② 种床层	3~10 厘米厚，种子发芽生根层，下层供水，上层供气保水，变温不剧烈。
③ 根床层	10~15 厘米厚，根系吸收水肥生长的主要层次，温度环境稳定。
④ 犁底层	5~10 厘米厚，密度大，约 1.5 克/厘米³，较紧实，易积累盐分，阻碍根系生长。
⑤ 心土层	生土，保蓄雨水。

耕层与对应作业机械

犁地翻耕

犁地翻耕以深 20~25 厘米为宜；深松耕不乱土层、疏松土壤，深度为 25~30 厘米，最深可 50 厘米；旋耕深度 10~20 厘米，15 厘米较为适宜。

普通旋耕

深松耕

反旋灭茬

反旋灭茬，秸秆粉碎还田，解决前茬秸秆覆盖的还田效果，提高入土率和均匀度。

镇压

播后镇压，减少悬空种，保墒争全苗促早发；冬前镇压，增温促根防冻害；春季镇压，控旺促壮防倒抗逆。

开沟

田内竖沟：间距 2~4 米，宽 20 厘米，深 20~30 厘米；距田头横埂 2~5 米各挖 1 条横沟，长田块每隔 50 米增开 1 条腰沟，宽 20 厘米，深 30~40 厘米；田头出水沟，宽 25 厘米，深 40~50 厘米。

不同小麦播种机械

手扶匀播机

单功能条播机

手扶条播机

施肥播种机

四位一体机

六位一体机

五位一体机

防缠绕播种机

大型精确定量播种机

轻简化精确定量播种机

简易播种机： 包括单功能的机械匀播机和条播机，以及简单功能组合的旋耕播种机和施肥播种一体机。

复式播种机： 一次性完成土壤播前耕作、施肥、播种、开沟、镇压等 3 种以上作业的多功能播种机，如六位一体机一次完成施肥、旋耕、二次碎土、播种、开沟、镇压等作业；防缠绕播种机除具有多项作业功能外还能有效解决秸秆还田时缠绕机械问题。

精确定量播种机： 分大型进口和轻简化两类，播种量可精准控制，播种质量高。

不同耕整、播种方式

A 精细播种　前茬适时机收 → 秸秆切碎匀撒 → 犁翻耕 → 施肥 → 旋耕 → 耙地平整 → 机械条播 → 机械镇压 → 开沟理墒

B 高效精细播种　前茬收获时直接完成秸秆切碎匀撒 → 犁旋一体秸秆还田 → 施肥整地、机械条播 → 机械镇压 → 开沟理墒

C 高效播种　前茬收获时直接完成秸秆切碎匀撒 → 犁旋一体秸秆还田 → 施肥、旋耕灭茬、播种、镇压、开沟多功能一体机播种

> 旱茬，播后根据墒情及时浇灌

D 应变播种1　前茬收获时直接完成秸秆切碎匀撒 → 施肥 → 秸秆旋耕还田 → 机械条带匀播/弥雾机播/人工撒播 → 机械镇压 → 开沟理墒

应变播种2　前茬收获前套播（无人机/人工）→ 前茬收获时直接完成秸秆切碎匀撒 → 免耕 → 机械镇压 → 开沟理墒

> 稻茬，播前控水降渍

应变播种3　前茬收获时直接完成秸秆切碎匀撒 → 犁旋一体秸秆还田 → 播前洇水造墒，其他作业方式可根据条件采取A、B、C播种方式之一

注
- 应变播种1常适用于土壤湿度大，无适耕条件；应变播种2常适用于周年茬口紧张，免耕抢茬；应变播种3常适用于土壤干旱墒情不足。
- 秸秆还田后或使用复式播种机播种后，一定要及时进行镇压和开沟，以防跑墒、露籽以及烂种等现象发生，达到一播全苗。

冬小麦播种时期示意图

地区	9月			10月			11月			12月		
	上旬	中旬	下旬	上旬	中旬	下旬	上旬	中旬	下旬	上旬	中旬	下旬
北部冬麦区												
黄淮冬麦区												
长江中下游冬麦区												
西南冬麦区												

春小麦播种时期示意图

地区	3月			4月		
	上旬	中旬	下旬	上旬	中旬	下旬
东北春麦区						
北部春麦区						
西北春麦区						

注
- 色带：深色部分表示适播期，向前向后的渐变色带分别表示早播、晚播。
- 适期适量：适期条件下亩播量应控制在6~8公斤，基本苗12万~15万；播期每推迟1天，增加0.5万~1万基本苗；冬前壮苗，总茎蘖数约为适宜穗数的1.2倍。
- 播种深度：一般旱茬小麦为3~5厘米、稻茬小麦为2~3厘米，不可过深，以利早发、形成冬前壮苗，且要覆盖均匀。

5 小麦生产管理

5.2 肥水运筹 以江淮、黄淮冬麦区为例

营养生长 | **营养生长&生殖生长**

春季高效田间管理

养分最大效率期
（缺肥影响穗粒结构）

肥料分类	定　义
复混（合）肥	至少有两种标明养分量的由化学方法和（或）掺混方法制成的肥料。
有机肥料	粪尿肥类、堆沤肥、秸秆类肥、绿肥类、土杂肥类、饼肥类等。
有机-无机复混肥	含有一定有机肥料的复混肥料。
微生物肥料	是以微生物的生命活动导致作物得到特定肥料效应的一种制品。
叶面肥	通过作物叶片为作物提供营养物质的肥料。
缓控释肥料	养分按设定释放率和释放期缓慢或控制释放的肥料。

追² 小麦拔节肥高效施肥期诊断：叶色褪淡，高峰苗下降，第 1 节间基本定长，第 2 节间开始伸长，叶龄余数 2.5。

养分临界期
（缺肥影响分蘖发生）

小麦 N/P/K 养分吸收规律曲线

肥

追¹ 麦田追施促（壮）蘖肥

苗期田间管理

小麦施肥参数	亩产目标（公斤/亩）	施肥总量（公斤/亩）		
		氮（N）	磷（P₂O₅）	钾（K₂O）
大面积	350~450	14~16	4~6	5~7
丰产方	450~550	16~18	6~8	7~9
攻关田	550~650	18~20	7~9	8~10

建议用量（每亩）：基 复合（混）肥 25~30 公斤 + 尿素 10 公斤；追¹追³
尿素 5~8 公斤/次；追² 45% 复合（混）肥 15~20 公斤 + 尿素 5~8 公斤。

---

0 播种期 ▶ **1 苗期** ▶ **2 分蘖期** ▶ **3 拔节期**

00 干种子 基 拌
（播种）；
03 湿种子膨胀直至结束；
05 胚根从种子伸出；
07 胚芽鞘从种子伸出；
09 芽鞘顶出土，
第 1 叶叶片叶尖可见。 封 09

10【出苗期】第 1 叶抽出
芽鞘 2 厘米；
11【1 叶期】第 1 叶抽出 11
12【2 叶期】第 2 叶抽出 12
13【3 叶期】第 3 叶抽出
…… 化除 13
一旦发生分蘖则按 21 计。 21

21 第 1 分蘖可见，分蘖开始；
22 第 2 分蘖可见；
23 第 3 分蘖可见；…… 追¹ 23
【越冬期】日均温稳定 ≤ 3℃，麦苗生长缓慢，冷冬年近乎停滞；
【返青期】日均温稳定 ≥ 3℃，麦田叶色开始转绿；
第 n 分蘖可见；…… 化除 化控
如果拔节开始，则按 31 计。

31【生物学拔节（起身）期】50% 植株基部 纹
第 1 节间伸长 2 厘米，倒 4 叶抽出；
32【物候学拔节期】50% 植株基部节间
露出地面 2 厘米，即第 2 节间 追²
伸长 2 厘米，倒 3 叶抽出；
33 50% 植株第 3 节间伸长 2 厘米，倒 2 叶抽出； 锈 31
37 剑叶（旗叶）露尖。追³ 32 37

生 殖 生 长

追³ 高产小麦孕穗肥施用时期诊断：剑（旗）叶抽出一半时。

最小养分定律（木桶理论）：由德国化学家李比希提出，他认为：作物的生长量或产量受环境中最缺少的养分（最小养分）的限制，并随之增减而增减，也称为限制因子定律。

最小养分不足时，不但会限制作物的生长，同时也将限制其他处于良好状态下的因子发挥作用。

氮（N）肥运筹				磷（P₂O₅）肥运筹		钾（K₂O）肥运筹	
基 基肥：	追¹ 分蘖肥：	追² 拔节肥：	追³ 孕穗肥	基 基肥：	追² 拔节肥	基 基肥：	追² 拔节肥
基 60%：	追¹ 15%：	追² 25%		基 70%：	追² 30%	基 60%：	追² 40%
基 50%：	追¹ 15%：	追² 25%：	追³ 10%	基 60%：	追² 40%	基 50%：	追² 50%
基 50%：	追¹ 缺%：	追² 20%：	追³ 20%	基 50%：	追² 50%	基 40%：	追² 60%

备注： 喷 孕穗期至灌浆期，结合防治病虫害，每亩次用磷酸二氢钾 100 克和尿素 0.5 ～ 1 公斤，或"兴欣富利素""春泉八八三"100 克，兑水 50 公斤喷施，间隔期 7 ～ 10 天。

---

4 孕穗期

41 剑叶叶枕露出，叶片全展；

43 穗子在叶鞘中上移，剑叶叶鞘鼓起；白 喷

45 剑叶叶鞘完全鼓起；

47 剑叶叶鞘开裂；

49 穗芒露尖可见。

47

5 抽穗期

51【始穗期】
10% 植株顶小穗露出叶鞘；

55【抽穗期】
50% 植株抽穗；

59【齐穗期】
90% 植株抽穗。

59

51

6 开花期

61【始花期】
10% 麦穗开花；赤 白 喷

65【盛花期】赤
50% 麦穗开花；喷

69【终花期】
全穗开花，可见脱水花药。

65

7 籽粒形成期

71【多半仁】籽粒长达最大值的 3/4；虫 喷

73【青籽圆】
籽粒长近乎最大值；

75【籽粒形成后期】
内含物乳状，麦粒全绿色，进入 乳熟期 虫 喷

73

8 灌浆充实期

83【乳熟末期】籽粒"顶满仓"，鲜重和体积最大；

85【蜡熟初期】籽粒开始收缩，穗和茎秆上部开始转黄色；

89【蜡熟中期】籽粒重近乎最大值，叶片金黄，穗轴粒仍带绿。

83

9 成熟期

92【蜡熟末期（最佳收获期）】
籽粒金黄、变硬，仅穗轴节片稍带绿，千粒重达最大值；

92

93【完熟期】籽粒收缩定型，灌浆结束，咬碎有声音；

97 植株完全死亡；

99 后熟过程，储藏及种子处理（回到 00 期）。

5 小麦生产管理

5.2 肥水运筹 以江淮、黄淮冬麦区为例

0 播种期	1 苗期	2 分蘖期	3 拔节期

出苗至越冬占总需水量的 15% 左右 | 越冬至拔节占总需水量的 15% 左右 | 拔节至抽穗占总需水量的 30% 左右

水

旱区浇足底墒水　　遇旱洇灌齐苗水　　适时浇灌越冬水　　旱灌返青水（喷灌）

80%~70% | 65%~75% | 70%~75%

营养生长 | **营养生长 & 生殖生长**

水肥一体化

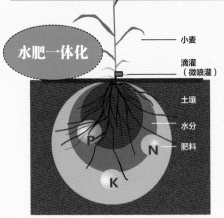

- 小麦
- 滴灌（微喷灌）
- 土壤
- 水分
- 肥料

P N K

 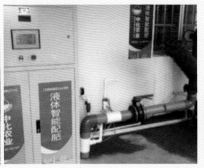 

智能配肥站　　简易配肥站

| 4 孕穗期 | 5 抽穗期 | 6 开花期 | 7 籽粒形成期 | 8 灌浆充实期 | 9 成熟期 |

抽穗至成熟占总需水量的 40% 左右

旱灌拔节水（漫灌）　　　雨区及时清沟理墒排水

小麦的需水量可分为 5 个主要时期：

1. 从萌芽到分蘖前，植株耗水量很小。

2. 从分蘖末期到抽穗期，此期需水量不是特别大，但孕穗期（挑旗期）前后植株对水分不足特别敏感，称为第 1 个水分临界期。

3. 从抽穗到开始灌浆，此期需水量较大，水分不足将导致显著减产。

4. 灌浆到乳熟末期，缺水将导致有机物液流变慢，灌浆困难，同时剑（旗）叶光合速率和寿命缩短，制造有机物减少，严重影响产量。所以该期称为第 2 个水分临界期。

5. 乳熟末期到完熟期，种子失水，水分过多反而会降低品质。

70%~75%　　　　　　　　75%~60%　　　**土壤适宜相对含水量**

营 养 生 长 & 生 殖 生 长　　　　**生 殖 生 长**

田间微喷带

北京小麦水肥一体微喷技术节水、增产、增效显著：
• 比畦灌：亩节水 66 米³、亩增产粮食 68 公斤，增 15.5%。
• 比喷灌：亩节水 40 米³、亩增产粮食 62 公斤，增 13.9%。
• 亩投入 1013 元，年折旧 226.5 元。
其中肥液罐、离心器可用 10 年，年折旧 22.5 元；地埋管路可用 30 年，年折旧 10 元；涂塑软带支管可用 6 年，年折旧 25 元；微喷带毛管可用 2 年，年折旧 169 元。

5 小麦生产管理

5.3 病虫草害识别与防治

冬小麦麦田杂草一般有冬前和早春两个出草高峰，冬前以禾本科（单子叶）杂草为主，春后以阔叶（双子叶）杂草为主。

主要禾本科杂草识别

看麦娘　　　日本看麦娘　　　多花黑麦草

硬草　　蔺草　　野燕麦　　雀麦　棒头草

封 化除 冬前化学除草： 播后苗前进行土壤封闭或冬前（苗后早期）茎叶防除。土壤封闭可控制药后（苗后）45天以内的杂草萌发，可选择异丙隆、丙草胺(瑞飞特)等单剂及其与苄嘧磺隆、苯磺隆、氟唑磺隆等复配剂，进行土壤喷雾，要求土地平整，温湿度适合。苗后早期茎叶处理，可控制低龄杂草的萌发及生长，同时也具有约45天的封闭作用，可选择异丙隆、氟唑磺隆与唑啉草酯（爱秀）、唑·炔草酯（大能）、精噁唑禾草灵、啶磺草胺、氯氟吡氧乙酸等复配。但要注意施药前3天后5天日均气温不能低于8℃。使用异丙隆、甲基二磺隆等易发生冻药害的除草剂，在寒潮前3~5天内、寒潮后5~7天内均不宜用药，防止出现冻药害。

主要阔叶杂草识别

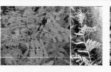

大巢菜　　　婆婆纳　　　猪殃殃

播娘蒿　　　荠菜　　　牛繁缕

化除 春季化学除草： 早春茎叶处理，江淮麦区在2月下旬至3月上中旬，小麦拔节前（拔节后化除易导致药害），可选择唑啉草酯（爱秀）、炔草酯或二者混剂（大能）、啶磺草胺、苄嘧磺隆、双氟磺草胺、氯氟吡氧乙酸、二甲四氯、氟氯吡啶酯等药剂防除，但与冬前茎叶化除一样，要注意避开低温寒流，防止低温药害。

春季高效田间管理

地下害虫识别

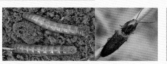

蛴螬幼虫　蛴螬成虫　蝼蛄　　金针虫　　药剂拌种后的麦种

排 地下害虫防治： 用噻虫·咯·苯醚（酷拉斯）、吡虫啉、毒死蜱等拌种或包衣预防控制；苗期危害可用毒死蜱兑水喷湿土表或浇灌根部。

苗期化除　　　　　人工查草化除

---

0 播种期 ▶ **1 苗期** ▶ **2 分蘖期** ▶ **3 拔节期**

0 播种期

00 干种子 **基 拌**（播种）；

03 湿种子膨胀直至结束；

05 胚根从种子伸出 **封**；

07 胚芽鞘从种子伸出；

09 芽鞘顶出土，第1叶叶片尖可见。　09

1 苗期

苗期田间管理

10 【出苗期】第1叶抽出，芽鞘2厘米

11 【1叶期】第1叶抽出

12 【2叶期】第2叶抽出　11　12

13 【3叶期】第3叶抽出 **化除**

……　　13

一旦发生分蘖则按21计。　21

2 分蘖期

21 第1分蘖可见，分蘖开始；**追¹**

22 第2分蘖可见；

23 第3分蘖可见；……　　23

【越冬期】日均温稳定≤3℃，麦苗生长缓慢，冷冬年近乎停滞；

【返青期】日均温稳定≥3℃，麦苗叶色开始转绿；

第n分蘖可见；……　**化除 化控**

如果拔节开始，则按31计。

3 拔节期

31 【生物学拔节（起身）期】50%植株基部第1节间伸长2厘米，倒4叶抽出 **纹**

32 【物候学拔节期】50%植株基部节间露出地面2厘米，即第2节间伸长2厘米，倒3叶抽出 **追²**

33 50%植株第3节间伸长2厘米，倒2叶抽出 **锈**　31

37 剑叶（旗叶）露尖。**追³**　32

37

5.3 病虫草害识别与防治

麦蜘蛛

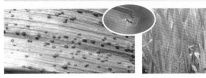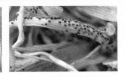

麦蜘蛛危害症状

虫 防治麦蜘蛛：对10%以上叶片出现危害状或每33厘米长麦垄虫量达200头的麦田，亩用1.8%阿维菌素乳油20毫升，或25%哒螨灵乳油40毫升，或4%联苯菊酯微乳剂30~50克，兑水40~50公斤喷雾。拔节期可结合纹枯病一并防治。

吸浆虫

吸浆虫危害症状

虫 防治吸浆虫：蛹期（小麦拔节孕穗期）撒毒土防治，每亩用50%辛硫磷乳油250毫升，或80%敌敌畏乳油100毫升，兑水2公斤，拌20公斤细土成毒土，或亩用2.5%甲基异柳磷颗粒剂1.5~2公斤拌毒土，趁湿洒于麦田土表；成虫期（开花期）喷雾防治，选用辛硫磷、倍硫磷、菊酯类农药，如亩用50%倍硫磷乳油100毫升，兑水40~50公斤喷雾。

蚜虫

蚜虫危害症状

虫 防治蚜虫：小麦扬花至灌浆初期，有蚜穗率达5%~10%时或每百株蚜量达500~1000头时，需开展防治。可用吡蚜酮、噻虫嗪、噻虫胺、呋虫胺、吡虫啉、抗蚜威、溴氰菊酯等药剂，如亩用22%噻虫·高氯氟(阿立卡)10毫升，50%吡蚜酮可湿性粉剂10~15克，或50%抗蚜威可湿性粉剂10~15克，或5%啶虫脒乳油25毫升等。

黏虫

黏虫危害症状

虫 防治黏虫：于幼虫3龄期前，麦田亩虫量达6000头，亩用25%除虫脲可湿性粉剂20克，或2.5%高效氯氰菊酯乳油20毫升，或2.5%溴氰菊酯乳油50毫升，或48%毒死蜱乳油50毫升等，兑水50公斤手动喷雾或兑水20公斤机动弥雾。

小麦中后期虫害防治一般结合病害防治及叶面喷肥防早衰进行，应注意距离小麦适期收获的安全间隔期一般不少于3周，最少不少于2周，同类药剂生育期内使用次数不可超过2次。

后期田间管理

自走式喷杆喷雾机施药

机动弥雾机施药

4 孕穗期	5 抽穗期	6 开花期	7 籽粒形成期	8 灌浆充实期	9 成熟期

41 剑叶叶枕露出，叶片全展；
43 穗子在叶鞘中上移，剑叶叶鞘鼓起；【白 喷】
45 剑叶叶鞘完全鼓起；
47 剑叶叶鞘开裂；
49 穗芒露尖可见。 47

51【始穗期】10%植株顶小穗露出叶鞘；
55【抽穗期】50%植株抽穗；
59【齐穗期】90%植株抽穗。 51 59

61【始花期】10%麦穗开花【赤 白 喷】
65【盛花期】50%麦穗开花【赤 白】
69【终花期】全部开花，可见脱水花药 65

71【多半仁】籽粒长达最大值的3/4；【虫 喷】
73【青籽圆】籽粒长近乎最大值；
75【籽粒形成后期】内含物乳状，麦粒呈绿色；进入乳熟期【虫 喷】 73

83【乳熟末期】籽粒"顶满仓"，鲜重和体积最大；
85【蜡熟初期】籽粒开始收缩，穗和茎秆上部开始转黄色；
89【蜡熟中期】籽粒重近乎最大值，叶片金黄，穗轴粒仍带绿。 83

92【蜡熟末期（最佳收获期）】籽粒金黄、变硬，仅穗轴节片稍带绿，千粒重达最大值；ﾟ 92
93【完熟期】籽粒收缩定型，灌浆结束，咬碎有声音；
97 植株完全死亡；
99 后熟过程，储藏及种子处理（回到00期）。

5 小麦生产管理

5.3 病虫草害识别与防治

种传、土传病害

根腐病症状

全蚀病症状

腥黑穗病

散黑穗病

拌 防治种传、土传病害: ①农业防治,包括检疫,轮作,用抗耐品种、酸性肥料,培育壮苗、错开播种期等。②种子处理、药剂拌种,采用噻虫·咯·苯醚(酷拉斯)或苯醚·咯菌腈(适麦丹)或戊唑醇拌种防治黑穗病、纹枯病,硅噻菌胺拌种防治全蚀病,多·福悬浮种衣剂防治根腐病等,注意拌匀后晾干播种。③土壤处理,播种前每亩用50%甲基硫菌灵可湿性粉剂加细土10~20公斤,均匀施入播种沟中。④黄花叶病初期早施速效氮肥、磷肥及生长调节剂,促进麦苗生长。

药剂人工拌种

药剂机械拌种

春季高效田间管理

黄花叶病

黄花叶病症状

◎**黄花叶病** 又称梭条花叶病,是禾谷多黏菌传播的黄花叶病毒病。早春返青起身时始显症,初期病株新叶呈褪绿至坏死的梭形条斑,黄绿相间成花叶;后期扩散可导致整个病叶发黄、枯死,重发病株矮化、少蘖、不整齐,穗小、多畸形。发病较轻的田块随气温超过15℃而逐渐隐症。

纹枯病

纹枯病症状

◎**纹枯病** 又称尖眼点病,主要为禾谷丝核菌以菌丝或菌核在土壤或病残体上越夏和越冬,干燥条件下可存活约6年。高温多雨有利于发病,冬前即可侵染叶鞘,春后病株率迅速上升,沙性土、缺钾、群体大尤甚。发病初期叶鞘有明显眼状或云纹状病斑,之后逐渐扩大并侵入茎秆,破坏输导组织而使养分和水分运输受阻,影响麦株正常生育,导致减粒减重,严重的可造成枯白穗甚至倒伏。

纹 纹枯病防治: ①播前种子处理,用2%戊唑醇拌种剂150~200克或30克/升苯咪甲环唑悬浮种衣剂200~300克拌种100公斤,压低冬前基数。②在分蘖末期至拔节初期,田间病株率达10%~20%但纹枯病菌尚未侵染茎前,选用5%井冈霉素水剂300~400毫升或25%丙环唑乳油(秀特)30~40毫升或30%苯醚甲·丙环唑20~30毫升,兑水50~75公斤,于晨露未干时对准麦苗基部施药,重发田隔7~10天再防治1次。

锈病

条锈病症状   叶锈病症状

◎**锈病** 分条锈病、叶锈病和秆锈病3种。条锈病主要危害小麦,叶锈病一般只侵染小麦。秆锈病小麦变种除侵染小麦外,还侵染大麦和一些禾本科杂草。

锈 锈病防治: 发病初期,病叶率5%~10%,用丙环唑乳油(秀特)、三唑酮、烯唑醇、已唑醇等药剂防治。如病情重、持续时间长,则隔10~15天再防治1次。

---

0 播种期	1 苗期	2 分蘖期	3 拔节期

0 播种期

00 干种子 **基 拌**(播种);
03 湿种子膨胀直至结束;
05 胚根从种子伸出;
07 胚芽鞘从种子伸出 **封**
09 芽鞘顶出土,
第1叶叶片尖尖可见。 09

1 苗期

10【出苗期】第1叶抽出芽鞘2厘米;
11【1叶期】第1叶抽出 11 12
12【2叶期】第2叶抽出; **化除**
13【3叶期】第3叶抽出; 13
……
一旦发生分蘖则按21计。 21

2 分蘖期

21 第1分蘖可见,分蘖开始; **追¹**
22 第2分蘖可见; 23
23 第3分蘖可见;……
【越冬期】日均温稳定≤3℃,麦苗生长缓慢,冷冬年近乎停滞;
【返青期】日均温稳定≥3℃,麦田叶色开始转绿;
第n分蘖可见;…… **化除 化控**
如果拔节开始,则按31计。

3 拔节期

31【生物学拔节(起身)期】50%植株基部
第1节间伸长2厘米,倒4叶抽出; **纹**
32【物候学拔节期】50%植株基部节间
露出地面2厘米,即第2节间
伸长2厘米,倒3叶抽出; **追²**
33 50%植株第3节间伸长2厘米,倒2叶抽出; 31 32
37 剑叶(旗叶)露尖。 **锈 追³**

37

白粉病

  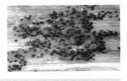

白粉病症状

◎白粉病　主要危害叶片，也危害叶鞘和穗部。在叶片表面产生绒毛状菌丝，覆有白色粉状霉层即分生孢子，小麦成熟时呈黑色小点即病菌有性世代子囊壳。群体大、氮肥多、湿度高时发病重。

白 **防治白粉病：**选种抗病品种，适量播种，合理氮肥。化学防治重点是保护上部功能叶，早春拔节期病株率达5%，或孕穗至扬花期当病叶率达5%～10%或病株率达15%时，用氟环唑、三唑酮（粉锈宁）、烯唑醇、戊唑醇、己唑醇、丙环唑、腈菌唑，以及吡唑醚菌酯、醚菌酯、嘧菌酯等兑水防治。如每亩用12.5%氟环唑SC 50～60克或20%丙环唑EC 30～40毫升或40%腈菌唑WP 15～20克或30%醚菌酯SC 50克或40%环丙唑醇SC 20毫升或5%己唑醇SC80毫升等。

剑叶至抽穗期查治白粉病

抗逆应变技术　　后期田间管理

赤霉病

赤霉病症状

◎赤霉病　是江淮麦区影响产量和品质的最主要病害，能致毁灭性损失。赤霉病菌以菌丝体潜伏在水稻、玉米、棉花等作物残体上越冬，稻茬及玉米茬小麦菌源充足。翌春旬均温约10℃且有3~5日阴雨时产生子囊壳，经8~12天形成逐渐成熟的子囊孢子，借风雨传播上麦穗，如值小花开花时则最易在残留花药上腐生，或直接从颖片上的自然孔口侵入，蔓延到整个花器或小穗、穗轴、穗颈而形成穗腐。齐穗扬花期出现高温高湿（闷热、潮湿、大雾）连阴雨，即会大流行。赤霉病病粒含多种毒素，人畜食用后会导致呕吐、头晕、流产等中毒症状。国家小麦收购标准中规定赤霉病病粒须小于4%，否则不仅不能食用，也不能作饲料。

赤 **防控赤霉病：**尽可能种植抗病、耐病品种；防治策略为"立足预防，主动出击"，即在齐穗至扬花初期（扬花株率5%~10%），选用氰烯菌酯、咪鲜胺、戊唑醇等单剂及其复配剂（不提倡单用多菌灵），如亩用25%氰烯菌酯乳油100毫升或48%氰烯菌酯·戊唑醇悬浮剂50~60毫升或30%戊·福美可湿性粉剂90~110克，重发时应选用氟唑菌酰羟胺（麦甜）、丙硫菌唑等新药轮换；阴雨连绵的病害流行年份，应隔5~7天再施药1~2次；同时用药兼治白粉病、蚜虫等，打好穗期"一喷三防"总体战。

扬花初期和盛花期主动防治赤霉病，兼治白粉病、蚜虫等

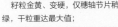

赤霉病化学防治

---

4 孕穗期　　**5 抽穗期**　　**6 开花期**　　**7 籽粒形成期**　　**8 灌浆充实期**　　**9 成熟期**

41 剑叶叶枕露出，叶片全展；
43 穗子在叶鞘中上移，剑叶叶鞘鼓起；白 喷
45 剑叶叶鞘完全鼓起；
47 剑叶叶鞘开裂；
49 穗芒露尖可见。

47

51【始穗期】
10%植株顶小穗露出叶鞘；
55【抽穗期】
50%植株抽穗；
59【齐穗期】
90%植株抽穗。

59

51

61【始花期】
10%麦穗开花；赤 白 喷
65【盛花期】
50%麦穗开花；白 喷
69【终花期】
全穗开花，可见脱水花药。

65

71【多半仁】籽粒长达最大值的3/4；虫 喷
73【青籽圆】
籽粒长近乎最大值；
75【籽粒形成后期】
内含物乳状，麦粒呈绿色；
进入乳熟期 虫 喷

73

83【乳熟末期】籽粒"顶满仓"，鲜重和体积最大；
85【蜡熟初期】籽粒开始收缩，穗和茎秆上部开始转黄色；
89【蜡熟中期】籽粒重近乎最大值，叶片金黄，穗轴粒仍带绿。

83

92【蜡熟末期（最佳收获期）】
籽粒金黄、变硬，仅穗轴节片稍带绿，千粒重达最大值；

92

93【完熟期】籽粒收缩定型，灌浆结束，咬碎有声音；
97植株完全死亡；
99后熟过程，储藏及种子处理（回到00期）。

秋播干旱 指耕层土壤相对含水量＜65%，不能满足播种出苗对土壤相对含水量（70%~80%）的需要。

防御措施： 及时腾茬，抢早、抢墒或造墒机械播种；抗旱剂拌种；播后镇压；润水出苗；稻草或泥杂肥覆盖。

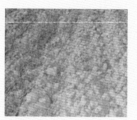 

播种出苗期干旱缺苗断垄　　麦田润灌齐苗（出苗）水

秋播连阴雨湿（渍）害 指耕层土壤含水量几乎饱和，超过持水量的90%，导致烂耕烂种、烂芽或死苗。

防御措施： 开沟排水降渍，适墒播种；稻田套播或板茬直播；确保三沟标准：田外沟深1~1.2米，田内竖沟间距2~4米、深20~30厘米，横沟间距50米、深30~40厘米，田头沟深40~50厘米，确保旱能灌、涝能排、渍能降。

烂耕烂种导致闷种烂芽缺苗　　田内外三沟配套有利于排水降湿（渍）

冬春干旱 冬春长期无雨，土壤严重缺水，植株水分失调造成生育异常乃至萎蔫死亡，若导致大幅度减产即为旱灾。

2011~2012年小麦遭冬春连旱症状

抗逆应变技术

土壤墒情与干旱等级划分（W为土壤相对含水量）

干旱等级	轻度干旱	中度干旱	严重干旱	特大干旱
土壤墒情（%）	60＞W≥55	55＞W≥45	45＞W≥40	W＜40

防御措施： ①选用抗旱品种。②冬前日均温约3℃时灌好越冬水。③科学浇灌春水：掌握在冷尾暖头、夜冻日消时及早采用喷灌或沟灌润水方式抗旱，每亩用水50立方米。久旱之后切忌大水漫灌，防表土层板结。

适时浇灌越冬水及返青拔节水

春季连阴雨湿（渍）害

防御措施： 冬春及时清沟理墒，加强排水降湿，并降低内河水位，地下水埋深控制在1米以下，才能有效防御春季连阴雨湿（渍）害。

清沟理墒

春季高效田间管理

春季倒春寒、春霜冻害 易发生主茎和大分蘖鲜嫩幼穗冻死、冻伤及畸形、不实等现象。

冬季冻害以叶片为主

春季倒春寒、春霜冻害

防御措施： 小麦分蘖力强，调节余地大，只要分蘖节未死，就可通过迅速增施速效肥水恢复补救，依幼穗冻死率亩增施尿素5~15公斤，有条件时可喷施益施帮、悦护等，促进再生分蘖成穗以弥补损失。

倒伏 指春夏之交的大风、暴雨、冰雹导致小麦后期倒伏，严重影响成熟，降低粒重，造成减产。依时间可分为早倒伏和晚倒伏，前者影响粒数和粒重，后者主要影响粒重。从形式上又可分为根倒伏和茎倒伏。一般根倒伏多发生在晚期，损失相对较小；茎倒伏则早期、晚期均可发生，是倒伏的主要形式，损失较大。

防御措施： 防倒措施主要有：选抗倒品种；扩行精播；科学肥水；"灵泡""春泉矮壮丰""矮苗壮"等化控制剂拌种或拔节前喷苗；破口期喷施"劲丰"专用抗倒剂等。倒伏后的补救措施主要是加强病虫害防治并及时根外喷肥，或使用生长调节剂进行调节。

小麦后期倒伏（俗语："麦倒一把草"）

干热风 是淮北麦区在灌浆成熟期发生的高温低湿型灾害，日最高温度≥30℃，14时空气相对湿度≤30%，（西南）风速≥3米/秒，使麦株卷叶、姜蔫、炸芒至青枯逼熟、粒重降低而减产。重度干热风指标为：日最高气温≥35℃、14时空气相对湿度≤25%、风速≥3米/秒。

高温逼熟 是淮南麦区在灌浆成熟期发生的高温高湿型灾害，特别是乳熟期以后连续降雨后出现日最高温度≥30℃的晴热天气，致使根系早衰，吸水、吸肥能力减弱，植株蒸腾强烈加速青枯死亡，千粒重大幅度下降而导致减产。其与干热风的差异表现在空气相对湿度≥80%。

防御措施： 春季清沟理墒，加强排水降渍；拔节孕穗期科学肥水运筹促壮株；花后叶面喷施磷酸二氢钾等叶面肥或"春泉八八三""增产素"等生化制剂。

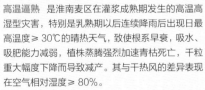

受干热风或高温逼熟伤害的小麦

梅雨 是指每年初夏（6~7月）从我国江淮流域到日本南部常出现的一段降水量较大、降水次数频繁的连阴雨天气。因时值梅子黄熟而得名，又因此时温高、湿重、雨多，器物容易受潮生霉，故又名霉雨。一般于6月上中旬入梅，7月上中旬出梅，此后盛夏开始。梅雨时间长20~30天，雨量200~300毫米，占全年雨量的20%~30%。但年际变化很大，入梅、出梅日期可相差40~45天，最长梅雨期60多天，也有些年份"空梅"而形成"梅子熟时日日晴"。梅雨期气温较高、雨量丰沛，十分有利于水稻、蔬菜、瓜果等多种作物生长，但湿度大、水汽附着招来霉菌滋生，给人们生产生活带来不便。

若梅雨异常，也会导致灾害发生，例如梅雨提前、持续高温多雨导致小麦来不及正常收获或脱粒贮藏，致使成熟小麦发生穗上发芽、发热霉变，影响产量和品质，这种现象称为"烂麦场"；若梅雨来势猛、强度大、范围广、时间长，便会引起洪涝使农田受淹，交通中断，工厂停产，人民生命财产受到严重损失；"空梅"则会造成持续性干旱。

防御措施： 梅雨地区要选用休眠期较长的红皮小麦品种并适期早播，在蜡熟末期抢天晴、抢雨隙，收、脱、运、晒（烘）、储一条龙作业，"龙口夺粮"。梅雨来临前应清理好田间墒沟，及时排除梅雨造成的田间积水；而在迟梅年或空梅年，则要做好抗旱工作。

梅雨

穗上发芽

烂麦场

4 孕穗期　5 抽穗期　6 开花期　7 籽粒形成期　8 灌浆充实期　9 成熟期

稻茬小麦标准化种植

播种出苗期田间管理

旱茬小麦播种标准化作业流程

前茬机收及秸秆还田

施足基肥（测土配方 + 有机肥）

精细整地（耕耙配套，旋耙压实，耙深耙透，耙细耙平，无明暗坷垃）

旱区机械筑埂整畦

机施肥

机械条播（推广宽幅精播效果好）

雨区机械开沟

小麦深松（30 厘米）+ "条旋耕施肥播种（镇压）一体机" 节水高产栽培

稻茬小麦播种标准化作业流程及苗期作业

碎草匀铺

深翻或反旋埋草（埋草深度 ≥ 15 厘米）

机械匀播（免（少）耕机条播、机摆播，扩行或宽幅带状播种，复式作业播种）

机械开沟（覆土）

播后镇压

机械封闭化除

苗期化除

高地隙植保、撒肥一体机

机械化施肥

0 播种期　　1 苗期　　2 分蘖期　　3 拔节期

抗逆应变技术　赤霉病化学防治　后期田间管理

剑叶至破口期用自走式喷杆喷雾机防治白粉病、锈病及化控

齐穗扬花期用担架（推车）式喷雾机主动防治赤霉病兼治白粉病

灌浆期及时用无人机或背负式喷雾机开展病虫统防统治并药肥混喷

飞防喷药或叶面喷肥

蜡熟末期及时机械化抢收

机械烘干

4 孕穗期　5 抽穗期　6 开花期　7 籽粒形成期　8 灌浆充实期　9 成熟期

6 小麦轮作与间套复种

6.1 年度内轮作换茬模式

稻 — 麦周年稻茬小麦

水稻机收获

四川稻茬小麦

江苏稻茬小麦

稻茬小麦高产长势

玉米（大豆、花生、甘薯等）— 小麦周年旱茬小麦

玉米机收获

山东精播小麦

花生机收获

河北免耕播种小麦

河南"高稳低优"小麦

联合收割机收获大豆

北京节水栽培小麦

旱茬小麦高产长势

6.2 年度间轮作换茬模式

"小麦－水稻"→"油菜（蚕豆、豌豆、绿肥等）－水稻"轮作可以养地、抑草、防病虫

6.3 小麦间套复种模式

四川旱地套作小麦

江苏麦田立体种植

小麦间套作烟草，利用七星瓢虫可有效控制烟蚜

早期林果间作小麦，稳粮增收

6.3 小麦间套复种模式

符号说明： // 或 + 表示间作，/ 表示套作，× 表示混作，— 表示年度内的轮作换茬（连作），→ 表示年度间同季节作物的轮作，也可表示不同复种方式的轮作。

麦粮间套复种 基本模式含 2 个相同单元，畦宽 340 厘米，机播 6 行，小麦幅宽 100 厘米；留春玉米空幅 60 厘米，育苗套栽 2 行，行株距 35 厘米 ×25 厘米，每亩 3500 株；收麦后"丁"字形点播两行夏玉米，行株距 50 厘米 ×20 厘米，距春玉米 40 厘米，每亩 3500 株，均可采收青玉米或收干籽，不影响秋播种麦。可延伸类型有：小麦 / 春玉米 /（夏玉米 // 花生）、（小麦 // 榨菜）/ 夏玉米（青）/ 秋玉米（青）、小麦（或 // 冬绿肥或冬菜）/ 春玉米 — 后季稻（两旱一水）、（小麦 // 绿肥）/ 春玉米 / 夏大豆 + 大白菜、（小麦 // 冬绿肥或冬菜）/ 春玉米 / 甘薯或黄瓜等。

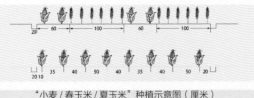

"小麦 / 春玉米 / 夏玉米"种植示意图（厘米）

麦油间套复种 以小麦 / 花生为主，也有小麦 / 芝麻等。大沟麦套种花生的沟距 67~80 厘米，沟深 10 厘米，沟底宽 20~27 厘米。秋播 2~3 行小麦，沟底集中施肥，翌年 5 月上中旬在垄背上套种 2 行花生，行距约 30 厘米，每亩 8000~10000 穴。小沟麦套种花生的沟距 40~47 厘米，沟深 10 厘米，沟底宽约 17 厘米。秋播 2 行小麦，垄背上套种 1 行花生。可延伸类型有：（小麦 / 马铃薯）/ 花生、（小麦 // 越冬菜）/（花生 // 西瓜）、（小麦 // 越冬菜）/（花生 // 西瓜 — 秋菜）、小麦 / 西瓜 / 花生 // 玉米、（小麦 // 冬菜）/ 花生 / 芝麻等。

麦套花生的基本模式示意图（厘米）

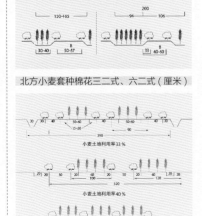

北方小麦套种棉花三二式、六二式（厘米）

南方小麦套种棉花基本模式（厘米）

麦套棉 北方、南方基本模式不同。北方麦 / 棉区多采用高畦空幅种棉以利排水降渍，低畦利于保墒种麦，配置方式主要有三二式（指 3 行小麦，2 行棉花，下类推）、四二式及六二式。南方麦 / 棉区需考虑麦田开沟排水，棉花宜采用宽窄行或大等行配置，一般考虑间隔 4 行或 6 行棉花开一条麦棉两用墒沟，间距 3~4 米，其间播 2~3 幅（行）小麦，行距缩至约 15 厘米，兼顾麦棉双高产。可延伸类型有：（小麦 // 冬菜）/（棉花 // 夏秋蔬菜）、（小麦 // 冬菜）/ 棉花 //（西瓜 — 夏秋蔬菜）、小麦 / 马铃薯 / 棉花、（小麦 // 冬菜）/（西瓜 // 棉花）等。

麦菜（瓜）间套复种 蔬菜、瓜类品种多，适宜范围广，且宜于设施栽培，可利用四季时空交错种植，模式丰富多彩，具有较高的经济附加值。"江苏麦田立体种植"的示意图中，秋播时 3.8 米畦开沟整地，墒沟宽 30 厘米，畦面两边各留 60 厘米秋种冬菜，5 月上旬套西瓜，西瓜收获前套架豆；畦面中间 2.2~2.4 米秋播小麦，麦收后可种玉米。可延伸类型繁多，如（小麦（或小麦 + 冬菜）/ 西瓜 — 番茄、（小麦 // 经济绿肥豌豆等）/ 西瓜 / 豇豆、（小麦 // 冬菜）/ 西瓜 / 秋玉米（收青）+ 秋豌豆、（小麦 // 经济绿肥豌豆等）/（西瓜 // 春玉米收青）— 地刀豆、小麦 / 西瓜 — 大白菜 — 春甘蓝、小麦 / 芋头（香芋）等。

（小麦 // 冬菜）/（西瓜 + 玉米）/ 豆角（厘米）

7.1 小麦仓储·主要环节

自然晒干

若含水率高，则需进烘干塔

扬净·清理过筛

商品小麦进仓入库

熏蒸·机械通风

也可委托粮食烘干服务中心烘干

若杂质率高，需进清理车间过筛

储备库·立筒仓

7.2 小麦物流·主要环节

中国小麦物流·主要环节

短途运输

加工·处理·入库

品质检测

小麦籽粒品质检测

储备粮库及立筒仓

通江内河粮食码头

粮食物流发展

港口小麦装卸

7.3 现代小麦物流·国际物流

2014~2016 年国际小麦物流示意图

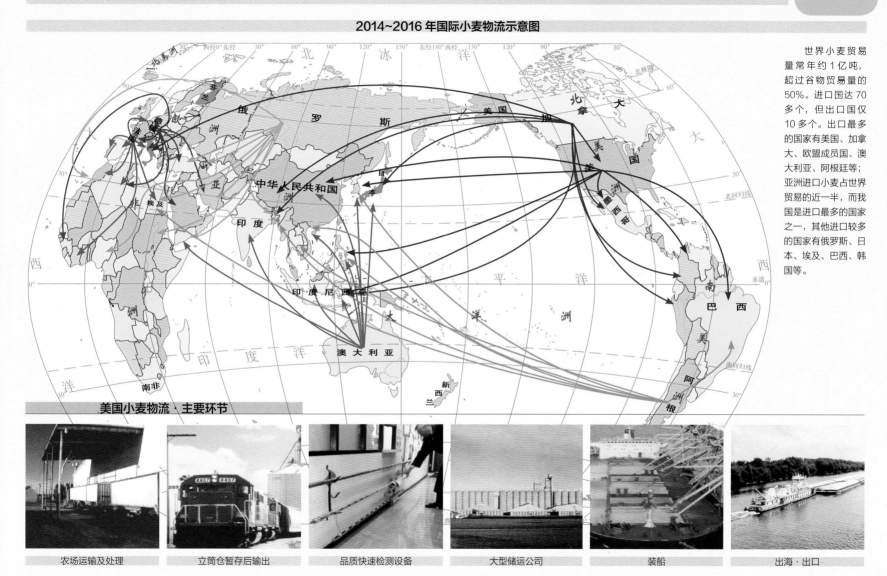

世界小麦贸易量常年约 1 亿吨，超过谷物贸易量的 50%。进口国达 70 多个，但出口国仅 10 多个。出口最多的国家有美国、加拿大、欧盟成员国、澳大利亚、阿根廷等；亚洲进口小麦占世界贸易的近一半，而我国是进口最多的国家之一，其他进口较多的国家有俄罗斯、日本、埃及、巴西、韩国等。

美国小麦物流·主要环节

| 农场运输及处理 | 立筒仓暂存后输出 | 品质快速检测设备 | 大型储运公司 | 装船 | 出海·出口 |

2014~2016 年中国小麦主产区和主销区示意图

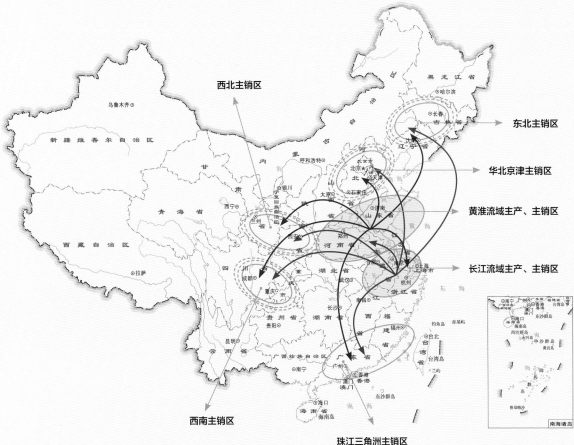

西北主销区

东北主销区

华北京津主销区

黄淮流域主产、主销区

长江流域主产、主销区

西南主销区

珠江三角洲主销区

南海诸岛

国内小麦销区相对比较集中，主要是京津沪、东北地区、东南沿海和各省会所在地。

传统贸易（兴化水上粮食批发市场现货交易）

南方小麦市场

现货电子交易（南方小麦交易市场竞价交易与挂牌协商交易）

期货交易（郑州商品期货交易所强筋小麦期货交易）

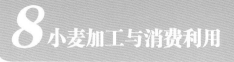

小麦有哪些用途呢？

我国每年小麦秸秆产量约 1.5 亿吨，世界小麦秸秆产量约 8 亿吨。

全球 1/3 以上人口以小麦为主要食物，是最多人食用的粮食。

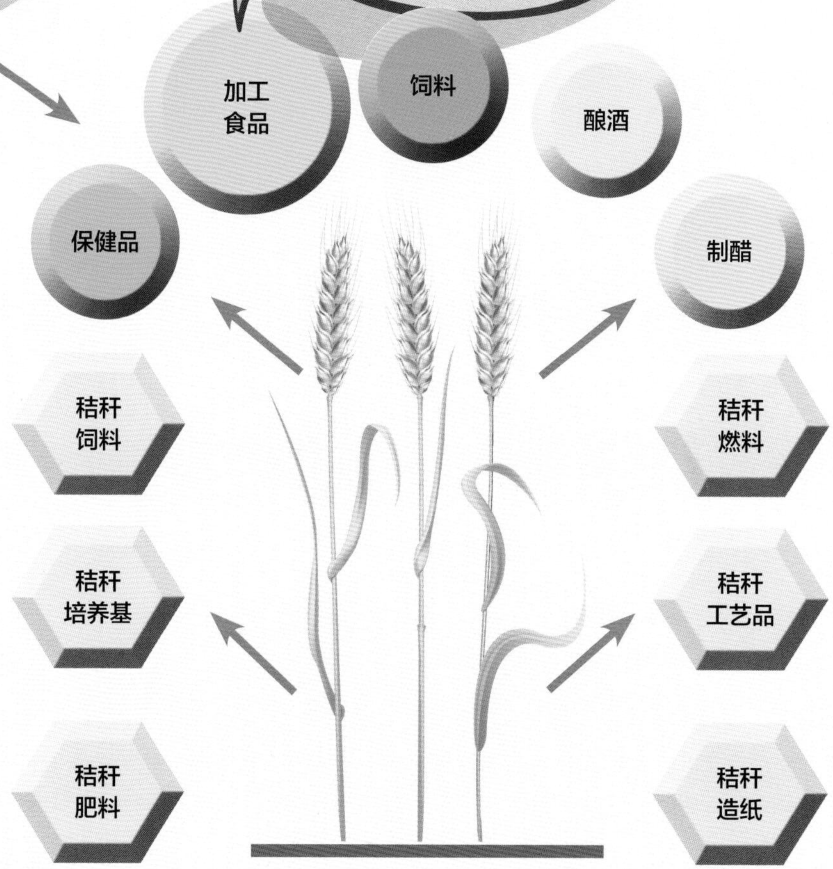

我国每年小麦籽粒产量约 1.3 亿吨，世界小麦籽粒产量约 7.2 亿吨。

加工食品

饲料

酿酒

保健品

制醋

秸秆饲料

秸秆燃料

秸秆培养基

秸秆工艺品

秸秆肥料

秸秆造纸

面粉加工流程 ——完成"小麦→面粉"的蜕变

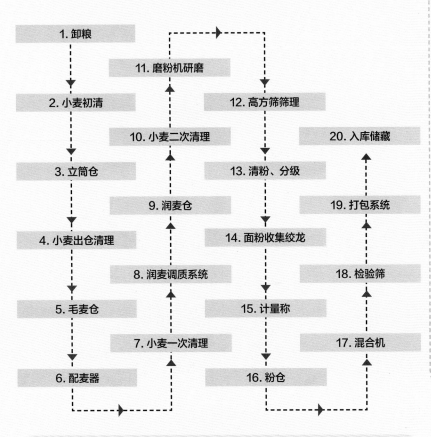

1. 卸粮

11. 磨粉机研磨

2. 小麦初清

12. 高方筛筛理

10. 小麦二次清理

20. 入库储藏

3. 立筒仓

13. 清粉、分级

9. 润麦仓

19. 打包系统

4. 小麦出仓清理

14. 面粉收集绞龙

8. 润麦调质系统

18. 检验筛

5. 毛麦仓

15. 计量称

7. 小麦一次清理

17. 混合机

6. 配麦器

16. 粉仓

专用粉先进加工工艺： 采用先进的生产设备，经清理、研磨、筛理等 20 个关键工序，在普通工艺的基础上增加"擦皮""色选""纯净水润麦"等工艺，并检测 30 余项理化指标来保障专用粉的品质。

小麦挑选、采购、运输　　小麦储存、保管　　小麦清理除杂

研磨加工　　润麦调质

筛理分级　　打包储存

面粉加工简易流程图

生产环境要求：
无粉尘，
无污染，
完全封闭，
机械自动化。

面粉加工流程 —— *完成"小麦→面粉"的蜕变*

小麦粉（面粉）比其他谷物有更多的可食形态，加工方法也比较繁杂，因此面粉品质的评价有多个层面和多个维度的考量。

面粉的组成成分—— *"精工细作，白如雪花"*

面粉的组成	
碳水化合物	72%~76%（淀粉）
水分	≤ 14%
灰分	0.6%
蛋白质	8%~14%
维生素	微量
酶	微量

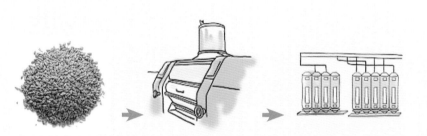

小麦投料　　　　　　　小麦研磨加工　　　　　编程控制器（PLC）配粉系统

品质检验
重中之重

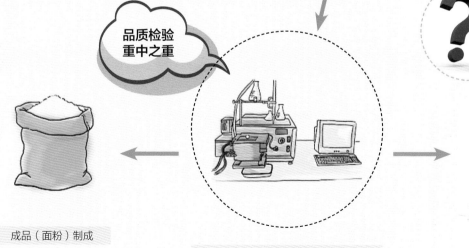

成品（面粉）制成

产品检验

为什么只有面粉可以做面包而其他谷物粉不可以？
因为它含有其他谷物所没有的可以连成巨大网络结构的面筋蛋白。

面包（吐司类）制作

吐司面包制作

1. 搅拌、打面

2. 静置、松弛

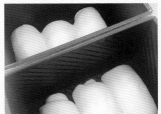

3. 整形、装模

4. 醒发、烘烤

5. 出炉、冷却

6. 品鉴、分享

蛋糕（戚风类）制作

戚风蛋糕制作

1. 蛋黄与蛋白（蛋清）分离

2. 蛋黄、水、油、面粉拌匀

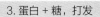

3. 蛋白 + 糖，打发

4. 蛋白部分加入到蛋黄中，拌匀

5. 面糊装入模具

6. 烘烤出炉、品鉴

面条制作

面条制作

1. 揉面至光滑

2. 面团静置

3. 擀面团成面片

4-1. 刀切面

4-2. 机器压面切条

5. 面条成型

包点制作

鲜香包子制作

1. 馅料制备

2. 面团搅拌成团

3. 搓条切剂子

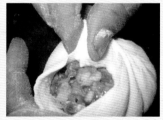

4. 馅料包入面皮中

5. 整形、入笼、醒发

6. 开水上蒸、出锅、品鉴

黄油：400g
糖粉：225g
面粉：500g
鸡蛋：125g
（2个）
盐：7.5g

饼干（曲奇类）制作

曲奇饼干制作

| 1. 按配方准备材料 | 2. 黄油与糖粉、盐打发（搅拌至发白） |

| 3. 分次加入鸡蛋，继续搅拌 | 4. 筛入面粉，搅拌均匀 |

| 5. 装袋，用曲奇裱花嘴成型 | 6. 烘烤、出炉 |

馒头品类制作

馒头制作

| 1. 揉面至光滑（三光） | 2. 面团静置 |

| 3. 擀面团成面片 | 4. 卷面片整形，刀切或搓圆 |

| 5、放入蒸笼、醒发 | 6. 开水上蒸、出锅、品鉴 |

8.4 副产品综合加工利用

胚芽： 仅占麦粒重量的2%，但营养却占整个麦粒的97%，蕴藏着50多种人体所需营养（维生素E含量丰富，维生素B$_1$、维生素B$_2$、维生素B$_5$也较多，含少量维生素A、维生素C）及一些微量生理活性成分，具有极高的营养价值和药用价值，小麦胚芽对人体健康的神奇作用，为世界所公认。

麦麸： 即麦皮，麦黄色，片状或粉状，主要用途有食用、药用、饲用、酿酒等。含有大量人体必需的膳食纤维，可促进肠胃蠕动，对临床常见纤维缺乏性疾病的防治有重要作用。

胚芽

胚芽面包

麦黄色片状，麦香味浓郁

胚芽蛋糕

麦麸馒头

高纤饼干

全麦吐司

各类营养饲料

金黄片状，鲜味十足

Wheat Germ Oil
小麦胚芽油软胶囊

WHEAT GERM OIL
小麦胚芽油软胶囊

胚芽油保健品

小麦秸秆的用处： （1）可直燃发电、发酵产生沼气等，减轻环境压力；（2）含有丰富的有机质、矿物质，可作有机肥料；（3）可作饲料，为畜牧业持续发展提供物质保障；（4）秸秆纤维是一种天然纤维，可制作秸秆画、木塑等工艺品。

秸秆燃料

可降解麦秸水杯

秸秆饲料

秸秆肥料

编织篮

麦秸画

9 小麦文化

9.1 考古与出土

东汉陶作坊
（香港文化博物馆收藏，内有碓、磨、风扇车）

青海喇家遗址发现的
古代"面条"

古埃及壁画上收割麦子的场景

传统工具石磨

9.2 农政文化

根据古希腊哲学家苏格拉底名言所作，寓意"爱情、和平、权力等人类追求之美好，都需粮食安全保障"。

麦田守望人类理想

9.3 小麦博物馆

博物馆内部文化墙

2016 年 5 月 19 日，全国首个小麦博物馆落户河南温县

9.4 饮食文化

山西闻喜花馍

扬州富春包子

淮安茶馓

小麦为人类提供了丰富而多样的食物

传统手艺食品

花式面包

现代工业食品

9.5 摄影艺术作品

夕阳撒落一地金黄

丰收的喜悦

丰收的舞步

扬起金色的希望

彩练当空

麦田·小鸟

都市农业

9.6 插花·麦秆画艺术

麦穗插花

麦秆画作品

9.7 生态 · 休闲 · 创意 · 魅力麦田

麦田踏青放风筝　　　　　　麦田创意造型　　　　　南京市浦口区永宁街道小麦/油菜田呈"笑脸"

市民参与趣味劳动竞赛　　　　　　　　　　　　　　麦秸造型

南京市六合区龙袍街道长江渔村利用绿色麦田和油菜花黄等16种植物配色种出"龙袍"和"双龙戏珠"图案，倒看酷似"皇上"头像

9 小麦文化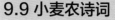

9.8 小麦农谚

【小麦种好七分收】
【一麦顶（当）三秋】
【小麦不过冬】
【麦有穿山之力，只怕烂泥压顶】
【麦喜胎里富，种肥要施足】
【人怕老来苦，麦怕胎里旱】
【麦稀勿担忧，麦密无穗头】
【麦田一套沟，从种喊（用）到收】
【寸麦不怕尺水，尺麦但怕寸水】
【麦沟理三交（遍），赛如大粪浇】
【麦要浇芽，菜要浇花】
【冬垩（è）金，腊垩银，春天垩麦不留情】
【年里施肥浇条线，春里施肥浇个遍】
【麦无二旺，冬旺春不旺】
【麦怕二月雪，谷怕八月风】
【一溃二病，麦子要命】
【麦子有三怕：怕旱、怕冻、怕疸（dǎn）】
【清明到立夏，倒伏最可怕】
【麦是火里秀，还要水来救】
【立夏麦龇嘴，不能缺了水】
【干热风，风热干，要有条件三个三】
【麦收三件宝：头多、穗大、籽粒饱】
【稻倒十分，麦倒一分】
【麦黄三日，稻黄三十】
【蚕老一时，麦熟一晌】
【九成熟，十成收；十成熟，一成丢】
【麦在地里不要笑，收到囤里才牢靠】
【麦收有三怕：雹砸、雨淋、大风刮】
【麦收有五忙：割、拉、打、晒、藏】
【豆子不怕连阴雨，麦子喜欢火烧天】
【湿麦进仓，烂个净光】

9.9 小麦农诗词

丰年 《诗经·周颂》

丰年多黍(shǔ)多稌(tú)，
亦有高廪(lǐn)，万亿及秭(zǐ)。
为酒为醴(lǐ)，烝(zhēng)畀(bì)祖妣(bǐ)。
以洽百礼，降福孔皆。

【释义】丰收年谷物车载斗量，谷场边有高耸的粮仓，亿万斛粮食好好储藏。酿成美酒千杯万觞，在祖先的灵前献上。各种祭典一一隆重举行，齐天洪福在万户普降。

当代粮食丰收场景

嘉禾讴 (ōu) 三国魏晋·曹植

猗猗嘉禾，惟谷之精。其洪盈箱，协穗殊茎。
昔生周朝，今植魏庭。献之庙堂，以昭厥灵。

【释义】嘉禾繁茂美丽，是重要的粮食作物。丰收粮满仓，来源于壮苗、健株、足穗。曾种在久远的周朝，也生在当今的魏国。用这样的嘉禾供于庙堂祭祀祖先，才能慰藉神灵！

小麦壮苗分蘖多

田边的小麦超大植株

平阳道中 明·于谦

杨柳阴浓水鸟啼，豆花初放麦苗齐。
相逢尽道今年好，四月平阳米价低。

【释义】杨柳碧绿，水鸟啼叫，豌豆花刚刚开放，麦苗齐整一片。人们见面都在称赞今年光景好，就连青黄不接的四月，平阳的米价还这么低廉。

蚕豆花

麦苗青齐

豌豆花

渭川田家 唐·王维

斜阳照墟落，穷巷牛羊归。
野老念牧童，倚杖候荆扉。
雉雊(zhì gòu)麦苗秀，蚕眠桑叶稀。
田夫荷(hè)锄至，相见语依依。
即此羡闲逸，怅然吟式微。

小麦齐穗期

【释义】村庄处处披满夕阳余辉，牛羊沿着深巷纷纷回归。老叟惦念着放牧的孙儿，拄杖等候在自家的柴扉。雉鸡鸣叫，麦儿即将抽穗；蚕儿成眠，桑叶已经薄稀。农夫们荷锄回到了村里，相见欢声笑语恋恋依依。如此安逸怎不叫我美慕？我不禁怅然地吟起《式微》。

夏日田园杂兴（其一） 宋·范成大

梅子金黄杏子肥，麦花雪白菜花稀。
日长篱落无人过，惟有蜻蜓蛱蝶飞。

【释义】梅子已变得金黄，杏子也越发肥硕；小麦花一片雪白，油菜花却已稀稀落落。白昼长了，篱笆影子随着太阳升高越来越短，没有人经过；四周静悄悄的，只有蜻蜓和蝴蝶绕着篱笆飞来飞去。

油菜终花期

小麦开花（扬花）期

9.9 小麦农诗词

归田园四时乐春夏二首（其二） 宋·欧阳修

南风原头吹百草，草木丛深茅舍小。

麦穗初齐稚子娇，桑叶正肥蚕食饱。

老翁但喜岁年熟，饷妇安知时节好。

野棠梨密啼晚莺，海石榴红啭(zhuàn)山鸟。

田家此乐知者谁？我独知之归不早。

乞身当及强健时，顾我蹉跎已衰老。

【释义】夏季的南风吹动了原上的各种野草，在草木丛深之处可见到那小小的茅舍。近处麦田那嫩绿的麦穗已经抽齐，在微风中摆动时像小孩子那样摇头晃脑娇憨可爱；而桑树上的叶子正长得肥壮可供蚕吃饱。对于农家来说，他们仍盼望的是当年的收成如何，为能有个半年丰收而高兴，至于田园美景和时节的美好他们是无暇顾及的。田野中海棠梨树密密麻麻，晚莺在树上鸣啼，石榴鲜红欲滴，山间鸟儿婉转歌唱，这些是不会让农家人感到快乐的。我应当在身体强健之时就隐退的，岁月蹉跎，现在的自己已经衰老，归隐实在太晚了。

小满·乳熟期

桓帝初天下童谣 《乐府诗集》

小麦青青大麦枯，谁当获者妇与姑。

丈人何在西击胡。吏买马，君具车，

请为诸君鼓咙胡。

古代人工收割

小麦　　　大麦　　　现代化机收

【释义】大小麦等农作物相继成熟，前去收割的是婆婆和媳妇们，因为她们的丈夫们都被征调到前线去打胡兵了。众官吏或去买马，或来乘车，然而我只求诸君听我来倾诉这一幕幕的凄凉。

观刈(yì)麦 唐·白居易

田家少闲月，五月人倍忙。夜来南风起，小麦覆陇(lǒng)黄。妇姑荷箪(hè dān)食，童稚携壶浆，相随饷(xiǎng)田去，丁壮在南冈。足蒸暑土气，背灼炎天光，力尽不知热，但惜夏日长。复有贫妇人，抱子在其旁，右手秉(bǐng)遗穗，左臂悬敝(bì)筐。听其相顾言，闻者为悲伤。家田输税尽，拾此充饥肠。今我何功德？曾不事农桑。吏禄三百石(dàn)，岁晏(yàn)有余粮，念此私自愧，尽日不能忘。

【释义】农家很少有空闲的月份，五月到来人们更加繁忙。夜里刮起了南风，覆盖着田垄的小麦已成熟发黄。妇女担着用竹篮盛的饭，小孩子提着用壶装的汤水，前呼后拥给田里辛苦劳作的人送去饭食，割麦的男子正操劳在南冈。双脚受地面的热气熏蒸，脊梁受炎热的阳光烘烤。精疲力竭仿佛不知道天气炎热，只是希望夏日天再长一些。又见一位贫苦妇女，抱着孩儿站在割麦者身旁，右手拿着从田里拾取的麦穗，左臂上挎着一个破筐。听她望着别人说话，听到的人都为她感到悲伤。因为缴租纳税卖尽家田，只好拾些麦穗填饱饥肠。现在我有什么功劳德行，一直不从事农业生产。一年领取薪俸三百石米，到了年底还有余粮。想到这些内心感到非常惭愧，整日也不能忘却。

人工割麦

人工运麦

现代化机收小麦

现代城市居民收获劳动体验

打麦 宋·张舜民

打麦打麦，彭彭魄魄，声在山南应山北。四月太阳出东北，才离海峤(jiào)麦尚青，转到天心麦已熟。鹖(hé)旦催人夜不眠，竹鸡叫雨云如墨。大妇腰镰出，小妇具筐逐，上垅先将(luō)青，下垅麦已成束。田家以苦乃为乐，敢惮(dàn)头枯面焦黑！贵人荐庙已尝新，酒醴(lǐ)雍容会所亲；曲终厌饫(yù)劳童仆，岂信田家未入唇！尽将精好输公赋，次把升斗求市人。麦秋正急又秧禾，丰岁自少凶岁多，田家辛苦可奈何！将此打麦词，兼作插禾歌。

【释义】打麦打麦，彭彭魄魄，声音发在山南，回声响在山北。四月里太阳从东北升起，刚爬上山尖，麦儿还青，转到中天，麦穗已黄熟。鹖旦不停地叫着，催着农民们早早起床；竹鸡又鸣起，报告大雨将来，乌云如墨。大妇带着镰刀出门，小妇背上筐子跟着。上田垅先将取青穗，下田垅麦已捆成束。田家以苦为乐，怕什么头发枯黄面容焦黑？达官贵人们祭祖后已经尝新，喝着酒大宴宾客。一曲奏罢吃饱喝足犒赏奴仆，怎能想到农民们一口也没吃着？他们把好麦都交了租赋，又把剩下的上市场去出售。正忙着收麦又要赶着插秧，毕竟丰年太少凶年太多，田家辛苦是无可奈何！献上我的打麦词，又当作一首插秧歌。

记忆中的打麦场…

人畜、拖拉机打麦

扬场

晒场装袋

现代化晒场及烘干设施

麦田怪圈（Crop circle）是指在种植小麦的田地，由于某种神秘的力量把植株压平产生的不同类型图案，也称为 Crop formation。主要为几何图形，也有其他图形，较经典的有生命之花、外星人头像、螺线、水母、星座等。大部分麦田怪圈以"平顺倒塌"方式折断倒伏，折断的茎节点有烧焦痕迹，折断高度因图形而异。大部分怪圈是一夜间形成的，很多怪圈周边有行走的痕迹。由此引发了人们对怪圈形成原因的遐想。

外星人造访：很多目击者在出现麦田怪圈的地方看到 UFO，仅需 10 几秒就制作而成。麦田圈区域次年生长仍能看到部分麦田圈轮廓，被称为"幽灵麦田圈"。推测麦田圈产生需要很高的能量，使土壤受到了影响；另外，麦田圈及其周围有均匀分布的磁性颗粒，而离怪圈越远颗粒越少。所以，人们认为只有神秘的外星人才能做到。

自然力量：极端气象因素如在陆地上生成的小型龙卷风，挟裹大量尘埃，与空气剧烈摩擦产生静电，形成带静电的小型龙卷风，作用于小麦植株形成麦田圈。怪圈发生时间多在天气多变的夏季，以及山谷或距离山边数公里易形成龙卷风的区域，所以气象学说有一定的说服力。

磁场：美国专家杰弗里·威尔逊研究了 130 多个麦田怪圈，发现 90% 的怪圈附近都有高压变压器，方圆 270 米范围内有一个水池。湿润的麦田土壤释放出负电荷，高压变压器产生正电，正负电荷碰撞电磁能，从而击倒小麦形成怪圈。另外，高频辐射也会导致麦秆茎节处发生与麦田怪圈倒伏小麦相类似的弯曲，俄国研究者发现，悬在草坪上的高压电缆接通时，电缆下方的草坪立刻呈顺时针方向倒下，形成极有规律的草圈。高频辐射可能来自地球内部的磁场变化，也可能来自雷电。

人为：很多人还认为或干脆承认是个人的恶作剧，或是为了吸引游客而人工做成麦田圈。但这种解释一直存疑，因为人为制作的麦田圈都很粗糙，而大部分麦田圈排列秩序井然，小麦倒伏规律性很强，按相同方向间隔倒下，或分层纺织，有时可达到五层；真正的麦田圈多为极其复杂的几何图形，制作精美，如同精准的计算绘画；麦田圈大多在子夜至凌晨 4 时完成，人力很难做到；麦田附近找不到任何人、动物或机械留下的痕迹；麦田圈出现前动物行为异常，指南针、电话、汽车等功能失常；麦田圈土壤有很多磁性微粒。

？ 中国有麦田圈吗？
很多国家都出现过麦田圈，大多发生在欧洲，英国多达半数，而中国未见确切报道。麦田圈图形多为西方画风，未见中国艺术之形。

10.2 小麦赤霉病难题

赤霉病 别名麦穗枯、烂麦头、红麦头，是小麦重要恶性病害，全世界普遍发生，以潮湿和半潮湿区域为主，湿润多雨的温带地区受害严重，如我国长江中下游冬麦区、东北春麦区均为重发区。种子、土壤、残茬均可带菌，从幼苗到抽穗都可受害，主要引起苗枯、茎基腐、秆腐和穗腐，以穗腐最为严重。赤霉病是一种毁灭性的病害，严重影响小麦产量和品质，对食品安全和人畜健康造成严重危害。

　　病原特征：赤霉病病原为多种镰刀菌，有：*Fusarium graminearum* Schw. 禾谷镰孢、*F. arde-naceum* (Fr.) Sacc. 燕麦镰孢、*F. culmorum* (w.G.Smith) Sacc. 黄色镰孢、*F. moniliforme* Sheld. 串珠镰孢、*F. acuminatum* (Ell. et Ev.) Wr. 称锐顶镰孢等，都属于半知菌亚门真菌。优势种为禾谷镰孢（*F. graminearum*），其大型分生孢子镰刀形，有隔膜3~7个，顶端钝圆，基部足细胞明显，单个孢子无色，聚集在一起呈粉红色黏稠状。有性态为 *Gibberella zeae* (Schw.) Petch. 玉蜀黍赤霉，属子囊菌亚门真菌。子囊壳散生或聚生寄主组织表面，略包于子座中，梨形，有孔口，顶部呈疣状突起，紫红或紫蓝至紫黑色。子囊无色，棍棒状，大小（100~250）μm×（15~150）μm，内含8个子囊孢子。子囊孢子无色，纺锤形，两端钝圆，多为3个隔膜，大小（16~33）μm×（3~6）μm。我国小麦赤霉病菌主要为禾谷镰孢菌的系统发育种——亚洲镰孢菌（*F. asiaticum*）和禾谷镰孢菌狭义种。

毒素分子 DON 结构

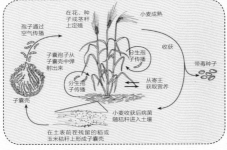

1. 子囊壳；2. 子囊壳纵切面；3. 子囊；
4. 分生孢子座；5. 分生孢子

赤霉病病原菌种类和形态

赤霉病菌的世代循环

DON 作用于核糖体，抑制蛋白合成和激发胁迫信号

　　赤霉菌毒素：是由赤霉病菌分泌的倍半萜类次生代谢产物，包括两类：一是具雌性激素作用的赤霉烯酮（ZEN）；二是具致吐作用的赤霉病麦毒素，即呕吐毒素（vomitoxin），主体成分为 DON（deoxynivalenol，脱氧雪腐镰刀菌醇），化学名 3α，7α，15 － 1，3羟基草镰霉菌 -9- 烯 -8- 酮，属于单端孢霉烯族化合物，分子式 $C_{15}H_{20}O_6$，相对分子质量 296.32。纯品为白色针状结晶，熔点151~153℃（醋酸乙基石油）。DON 因可导致猪呕吐得名，对人体也有危害，欧盟将其归为 3 级致癌物。

　　赤霉毒素化学性质稳定，受热不分解，因此在病粒及含病粒原料生产的麦制品、饲料制品中均可能存在。会造成两类问题：一是技术问题，如因干扰酵母细胞生长而对馒头等的发酵有副作用、因干扰酶的合成而对酿造工艺造成影响等；二是引起人类和哺乳动物中毒反应，主要症状是恶心嗜睡、多脂、出血甚至可能致癌，严重的可导致死亡。目前，大多数国家面粉 DON 的检出上限为 1 毫克 / 公斤。

　　赤霉病被称为小麦的"癌症"，赤霉病抗性育种一直是世界性难题。限于抗性遗传机制理解有限、抗源挖掘和有效利用不充分、抗赤霉病主效基因克隆难度极大等，迄今尚未培育出既丰产又高抗赤霉病的小麦品种。最近在赤霉病抗性基因克隆与功能研究方面取得了重大突破：南京农业大学马正强教授团队从世界公认的抗赤霉病小麦种质"望水白"和"苏麦3号"中，图位克隆了抗赤霉病 *Fhb1* 位点的关键基因 *Hrc(His)*，并明确了其功能。该基因编码富含组氨酸的钙离子结合蛋白，可显著提高小麦对赤霉病菌的抗扩展能力。山东农业大学孔令让教授团队从小麦近缘物种长穗偃麦草中克隆出抗赤霉病 *Fhb7* 位点的关键基因 *GST*，对引发赤霉病的镰刀菌属病原菌具有广谱抗性，对赤霉病侵染小麦产生的呕吐毒素具有很好的解毒效应，且对产量无负面影响。上述两个团队通过分子标记辅助选择方法，已（合作）培育出携带 *Fhb1* 或 *Fhb7* 的抗赤小麦新品系进入预试和区试，可能为解决赤霉病抗性育种难题找到"金钥匙"。

　　赤霉病是气候性病害，随气候和耕作制度等不同而发病差异很大，暖冬、雾霾或花期多雨等高湿高温环境加重发病程度。长期采用多菌灵防治的赤霉病病原菌对苯并咪唑类药剂的抗药性显著提高，也使常规药剂化学防治效果下降。未来期待在抗赤霉病育种取得突破的同时，采用栽培、药剂防治等相配合，实现小麦赤霉病的综合防控。

苗腐　基腐　秆腐　穗腐

厌食反应 → 生长抑制　细胞因子　大脑　呕吐症状　巨噬细胞　迷走神经　血液　肠　肠道激素　毒素分子

10.3 小麦蛋白与"麸质过敏"症

面包与上班族的"晕倒之谜" 故事主角是一名普通的"上班族"。他每天吃过早餐，喜欢快步走着去上班，却有好几次在上班途中莫名其妙地"晕倒"了，还伴有全身皮疹、口唇肿胀。辗转多个科室，经过全面检查后，终于有医生发现了蛛丝马迹：他上班途中"晕倒"的当天，吃的早餐都有小麦面包。我们经常会食用面包或面粉食物，因此一般不会联想到人体健康会与小麦或面粉有关系。这种对"小麦蛋白"特别敏感的症状，医学上称为"麸质过敏症（Celiac disease）"，又称乳糜泻，可引起运动诱发的过敏性休克、职业性呼吸系统疾病、贝克的哮喘病等。

麸质是一种蛋白质，又称面筋蛋白，一般通过盐水等洗除面粉中的淀粉获得。面粉搓揉后，会产生具有拉力的面团，即是因为面团中的"蛋白"形成"面筋"的缘故。面食好吃就是因为面筋的独特口感，有嚼劲。可惜的是，不是人人都能尽情享用令人垂涎的小麦食品。身体免疫系统不好的人，肠胃道会特别敏感，一旦对面粉中的"小麦蛋白"产生敏感反应，就会造成肠胃不适、腹泻或便秘等问题。若是因为饮食习惯而必须经常食用面粉食物，肚子就会一天到晚不舒服，影响消化吸收；对小朋友来说，还会因为营养摄取不足，导致贫血或其他发育障碍等后遗症。

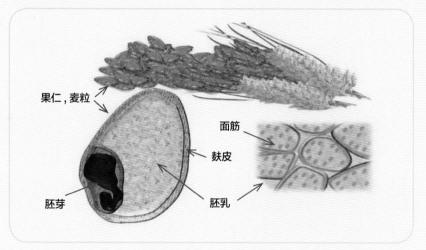

面筋蛋白主要存在于小麦籽粒胚乳中

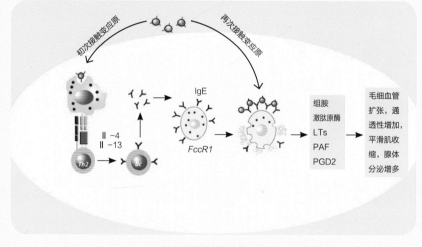

"麸质过敏"症的诱发反应

医学界认为，这是少数人的自体免疫疾病。世界上约有1%的人患有由麸质引起的腔腹性疾病，以北美、欧洲和澳洲病例较多，中国目前较少。权威医学中心"梅耶医学中心"的最新研究报告却指出，麸质过敏症患者的人数其实相当多，特别是40~60岁的女性，很容易因为麸质过敏症影响生活品质。患麸质过敏症病人容易出现严重腹泻、腹痛、胀气、粪便酸臭等症状。但这些症状与其他肠胃疾病相似，往往会阻碍正确的诊断。目前，治疗该疾病的唯一方式是避免再次摄入麸质。

因此，研究人员建议腹泻腹胀问题一直无法治愈的患者，最好能够利用血液测试的方式，找出过敏原；同时，也要进行小肠切片，以了解肠道状况。如果能确诊是"小麦蛋白"导致的过敏是主要原因，就需要尽可能少吃小麦或是面粉制品，通过合理的饮食来控制症状。

◎扬麦28 [国审麦20180010]：由江苏金土地种业有限公司、江苏里下河地区农业科学研究所共同选育，适合长江中下游冬麦区的江苏淮南地区、安徽淮南地区、上海、浙江、湖北中南部地区、河南信阳地区种植。春性，全生育期196天，与对照品种扬麦20熟期相当。幼苗直立，叶片宽披，叶色淡，分蘖力较强。株型紧凑，抗倒性较好。穗层整齐，熟相好。穗长方形，长芒、白壳、红粒，籽粒半角质。2015—2016年度参加长江中下游冬麦组品种区域试验，平均亩产比对照扬麦20增产5.5%；2016—2017年度续试，平均亩产比扬麦20增产6.6%。2016—2017年度生产试验，平均亩产比对照增产6.9%。产量三要素协调，2022年兴化市高产创建田块，经专家组实测最高亩产715.8公斤。品质检测：籽粒容重770克/升、778克/升，蛋白质含量12.53%、11.70%，湿面筋含量24.8%、24.7%，稳定时间4.0分钟、3.5分钟。抗病性鉴定：中抗赤霉病，中感白粉病。该品种由江苏金土地种业有限公司独占许可经营。

◎扬麦33 [国审麦20210078]：由江苏里下河地区农业科学研究所程顺和院士团队选育，抗赤霉病、白粉病，减药增效、绿色环保。适合在长江中下游冬麦区的江苏和安徽两省淮河以南地区、湖北、浙江、上海、河南信阳等地种植。春性，全生育期201.3天，比对照扬麦20熟期略早。幼苗半匍匐，叶片宽短，叶色深绿。整齐度好，穗层整齐，熟相好。穗纺锤形，长芒，红粒，籽粒粉质，饱满度好。2018—2019年度参加国家小麦良种联合攻关长江中下游冬麦区广适组区域试验，平均亩产450公斤，比对照扬麦20增产3.9%；2019—2020年度续试平均亩产467.2公斤，比对照扬麦20增产6.4%；2019-2020年度生产试验平均亩产478.2公斤，比对照扬麦20增产5.7%，居参试品种第一位，增产点率100%。平均每亩31.8万穗，每穗39.4粒，千粒重43.3克。两年区试品质检测结果：粗蛋白（干基）含量11.6%、12.3%，湿面筋含量25.6%、19.8%，吸水率57.1%、51.4%，稳定时间2.7分钟、6.2分钟，最大拉伸阻力348.5 E.U.、735.0 E.U.，拉伸面积54.5平方厘米、105平方厘米。该品种由江苏明天种业科技股份有限公司独占许可经营。

扬麦33抗病表现　　中抗品种抗病表现

◎扬麦34 [苏审麦20200027]：由江苏里下河地区农业科学研究所选育，抗倒性好，丰产性强。目前已通过安徽、浙江、湖北引种备案，适合在长江中下游冬麦区的江苏和安徽两省淮河以南地区、湖北、浙江等地种植。春性，全生育期203.1天，与对照扬麦20相当，株高76.8厘米。幼苗半直立，叶色深绿，分蘖力强。株型较紧凑，穗层整齐，熟相好。穗纺锤形，长芒、白壳、红粒，籽粒粉质。2017—2019年度参加江苏省淮南小麦里下河农科所科企联合体区试，两年平均亩产517.6公斤，比对照扬麦20增产8.0%；2019—2020年度参加生产试验，平均亩产505.7公斤，比对照扬麦20增产4.2%，居参试品种第一位；高产攻关潜力可达亩产700公斤以上。平均每亩有效穗数31.4万穗，每穗44粒，千粒重40.2克。两年区试品质检测结果：容重802克/升、779克/升，粗蛋白（干基）14.9%、11.8%，湿面筋30.6%、28.4%，吸水率60%、56%，稳定时间4.3分钟、2.8分钟，最大拉伸阻力317 E.U.、340 E.U.，拉伸面积67平方厘米、69平方厘米，硬度指数51.0、45.0。抗性鉴定：中抗赤霉病、黄花叶病毒病，高抗白粉病，抗穗发芽。高感纹枯病、叶锈病、条锈病。该品种由江苏明天种业科技股份有限公司独占许可经营。

主要小麦新品种简介

◎扬麦39 [国审麦20220012]：由江苏里下河地区农业科学研究所育成，适合在长江中下游冬麦区的浙江省、江西省、湖北省、湖南省及上海市全部，河南省信阳全部与南阳南部，江苏和安徽两省淮河以南地区种植。春性，全生育期200.2天，与对照品种扬麦20熟期相当。幼苗直立，叶片宽长，叶色黄绿，分蘖力较强。株高82.7厘米，株型较松散，抗倒性较好，整齐度好，穗层整齐，熟相好。穗纺锤形，长芒，红粒，籽粒硬质。2019—2020年度参加长江中下游冬麦组区域试验，品质指标达到中强筋小麦标准。2018—2019年度参加长江中下游冬麦组区域试验，平均亩产429.8公斤，比对照扬麦20增产2.0%；2019—2020年度续试，平均亩产422.0公斤，比对照扬麦20增产3.4%；2020—2021年度生产试验，平均亩产430.7公斤，比对照扬麦20增产4.2%。平均每亩穗数29.8万穗，每穗粒数36.9粒，千粒重44.3克。高产攻关潜力可达亩产700公斤以上。品质检测：籽粒容重794克/升、766克/升，蛋白质含量14.0%、13.7%，湿面筋含量28.2%、29.4%，稳定时间10.5分钟、10.1分钟，吸水率62%、63%，最大拉伸阻力628E.U.、578E.U.，拉伸面积112平方厘米、110平方厘米。抗病性鉴定：高感条锈病、纹枯病、叶锈病，中感白粉病，中抗赤霉病。该品种由中国种子集团有限公司独占许可经营。

◎镇麦15 [苏审麦20180006/皖引麦2021001/浙引种（2023）第002号/鄂引种2023139/（豫）引种（2023）麦016]：由江苏丘陵地区镇江农业科学研究所选育，适合在长江中下游冬麦区的江苏和安徽两省淮河以南地区、湖北、浙江、河南信阳等地种植。春性，幼苗直立，叶色较深，分蘖力中等。株型松散，抗倒性较好。穗层整齐，熟相好。穗纺锤形，长芒、白壳、红粒，籽粒硬质。区试平均结果：全生育期200.8天，比对照扬麦20早近1天。株高82.6厘米，每亩有效穗数31.2万穗，每穗37.5粒，千粒重45.9克。经农业农村部谷物品质监督检验测试中心（哈尔滨）测定：2017年检测粗蛋白质（干基）14.9%，湿面筋29.2%，吸水量64.9毫升/100克，稳定时间19.9分钟，最大拉伸阻力665 E.U.，拉伸面积119平方厘米，硬度指数69.0，达中强筋小麦品种标准。产量表现：2016—2018年度参加江苏省淮南组小麦区域试验，两年平均亩产494.0公斤，较对照扬麦20增产6.3%。2017—2018年度参加生产试验，平均亩产457.4公斤，较对照扬麦20增产5.4%。抗病性鉴定：中抗赤霉病，感纹枯病，中感白粉病，抗黄花叶病毒病、穗发芽。该品种由安徽省皖农种业有限公司独占全国许可经营。

◎镇麦16 [国审麦20220100]：由江苏丘陵地区镇江农业科学研究所选育，2022年通过国家审定，适合在江苏和安徽两省淮河以南地区，浙江、江西、湖北、湖南、上海以及河南信阳与南阳南部等地种植。春性，全生育期192.3天，比对照扬麦20熟期稍早。幼苗直立，叶片宽，叶色深绿，分蘖力中等。株高82.3厘米，整齐度好，穗层整齐，熟相好。穗长方形，长芒，红粒，籽粒半硬质，饱满。2018—2019年度区域试验，比对照扬麦20增产3.8%；2020—2021年度生产试验，比对照扬麦20增产5.5%。平均每亩穗数30.0万穗，每穗粒数35.7粒，千粒重43.4克。高产攻关潜力可达亩产700公斤以上。品质检测结果：容重782克/升、796克/升，蛋白质含量14.8%、15.2%，湿面筋含量29.5%、30.5%，稳定时间4.4分钟、8.8分钟，吸水率65%、63%，最大拉伸阻力264E.U.、517E.U.，拉伸面积65平方厘米、93平方厘米，品质指标达到中强筋小麦标准。抗病性鉴定：中抗赤霉病和白粉病。该品种由江苏焦点富硒农业有限公司独占许可经营。

◎镇麦 29 [苏审麦 20230021]：江苏丘陵地区镇江农业科学研究所选育的高产、优质、高抗于一体的春性小麦品种，适合在淮河以南麦区种植。幼苗直立，分蘖力较强。株型较松散，穗层整齐，熟相较好。穗纺锤形，长芒、白壳、红粒、籽粒硬质。江苏省联合体区域试验平均结果：全生育期 206.3 天，比对照扬麦 20 短 0.3 天，株高 85.4 厘米，两年平均亩产 573.1 公斤，比对照扬麦 20 增产 7.1%。2022—2023 年度参加生产试验，平均亩产 553.6 公斤，比对照扬麦 20 增产 5.8%；平均每亩有效穗 32.0 万穗，每穗 39.4 粒，千粒重 47.4 克。品质检测：容重 782 克 / 升、827 克 / 升，粗蛋白质含量（干基）15.3%、13.8%，湿面筋含量 32.4%、28.9%，吸水率 61.3%、63.1%，稳定时间 8.4 分钟、20.5 分钟，最大拉伸阻力 564 E.U.、930 E.U.，拉伸面积 127 平方厘米、161 平方厘米，硬度指数 64.6、67.8。2021 年、2022 年品质检测结果均达到中强筋小麦品种审定标准。2024 年 6 月 8 日邀请权威专家对种植在东台市弶港农场四区的镇麦 29 百亩示范方进行实产验收，实收面积 112.1 亩，平均亩产 608.5 公斤，创造了江苏省百亩连片小麦实打验收的高产纪录；其中 3 号田 52.46 亩，平均亩产 655.4 公斤，十分有利于我国南方小麦大面积单产和品质的提升。抗性鉴定：中抗赤霉病（接种鉴定中抗赤霉病，严重度 1.71、2.26；自然发病鉴定中抗赤霉病，病指 5.03、0.49），中抗条锈病，中感黄花叶病，高感纹枯病、白粉病、叶锈病；高抗穗发芽。该品种由隆平高科全资子公司安徽华皖种业有限公司独占许可经营。

◎扬辐麦 13 [苏审麦 20210005]：由江苏金土地种业有限公司、江苏里下河地区农业科学研究所共同选育，适合在江苏省淮南麦区种植。2022 年通过浙江省引种备案，2023 年通过安徽省引种备案。春性，全生育期 209.3 天，比对照扬麦 20 短 0.4 天。幼苗直立，叶色中等，分蘖力较强。株高 80.3 厘米，株型较紧凑，抗倒性较好。穗层整齐，熟相好。穗纺锤形，长芒、白壳、红粒，籽粒半角质。2017—2019 年度参加江苏省淮南 A 组小麦品种区试，两年平均亩产 498.4 公斤，比对照扬麦 20 增产 3.6%，2019—2020 年度参加生产试验，平均亩产 515.9 公斤，比对照扬麦 20 增产 5.3%。平均每亩有效穗数 31.3 万穗，每穗 37.4 粒，千粒重 45.5 克。品质检测：容重 787 克 / 升、798 克 / 升，粗蛋白（干基）15.0%、14.1%，湿面筋 30.0%、30.9%，吸水率 60.7%、59.0%，稳定时间 7.3 分钟、8.7 分钟，最大拉伸阻力 456 E.U.、576 E.U.，拉伸面积 114 平方厘米、121 平方厘米，硬度指数 62.1、61.8，两年度均达中强筋小麦品种标准。抗性鉴定：中抗赤霉病、黄花叶病，高抗白粉病、穗发芽，中感条锈病。该品种由江苏金土地种业有限公司独占许可经营。

◎华麦 11 号 [国审麦 20220005]：入选"2023 年国家农作物优良品种"推广目录。适合在长江中下游冬麦区的浙江省、江西省、湖北省、湖南省及上海市全部，河南省信阳全部与南阳南部，江苏和安徽两省淮河以南地区种植。春性，全生育期 199.0 天，比对照品种扬麦 20 熟期早 1.1 天。幼苗直立，叶片宽长，叶色深绿，分蘖力较强。株高 88.4 厘米，株型较紧凑，抗倒性较好，整齐度好，穗层整齐，熟相好。穗纺锤形，长芒、红粒，籽粒半硬质、饱满。亩穗数 30.4 万穗，穗粒数 37.3 粒，千粒重 43.8 克。2019—2020 年度参加长江中下游冬麦组区域试验，品质指标达到强筋小麦标准。2018—2019 年度参加长江中下游冬麦组区域试验，平均亩产 429.6 公斤，比对照扬麦 20 增产 2.0%；2019—2020 年度续试，平均亩产 427.5 公斤，比对照扬麦 20 增产 4.8%；2020—2021 年度生产试验，平均亩产 426.9 公斤，比对照扬麦 20 增产 3.3%。品质检测：籽粒容重 792 克 / 升、787 克 / 升，蛋白质含量 12.7%、14.1%，湿面筋含量 28.6%、30.5%，稳定时间 3.5 分钟、11.6 分钟，吸水率 62%、63%，最大拉伸阻力 230E.U.、688E.U.，拉伸面积 57 平方厘米、107 平方厘米。抗病性鉴定：高感条锈病、纹枯病、叶锈病，中抗赤霉病，高抗白粉病。该品种由江苏省大华种业集团有限公司独占许可经营。

主要小麦新品种简介

◎淮麦 139 [苏审麦 20230012]：由江苏徐淮地区淮阴农业科学研究所选育，幼苗半匍匐，分蘖力中等。株型较紧凑，穗层整齐，熟相好。穗纺锤形，长芒、白壳、白粒，籽粒硬质。半冬性，全生育期 224.7 天，与对照淮麦 20 相当，株高适中。2020—2022 年度参加江苏省淮北 A 组小麦品种区域试验，两年平均亩产 616.6 公斤，比对照淮麦 20 增产 6.3%；2022—2023 年度参加生产试验，平均亩产 629.1 公斤，比对照淮麦 20 增产 5.6%。平均每亩有效穗数 39.8 万穗，每穗 38.4 粒，千粒重 44.9 克。两年区试品质检测结果：容重 828 克/升、840 克/升，粗蛋白质含量（干基）14.6%、13.6%，湿面筋含量 32.7%、31.1%，吸水率 61.2%、63.1%，稳定时间 3.3 分钟、4.1 分钟，最大拉伸阻力 202 E.U.、304 E.U.，拉伸面积 50 平方厘米、67 平方厘米，硬度指数 63.0、65.7。抗性鉴定：中感赤霉病（接种鉴定中抗赤霉病，严重度 1.88、2.45；自然发病鉴定中感赤霉病，病指 12.14、2.91），中抗叶锈病，中感白粉病、黄花叶病、条锈病，高感纹枯病、穗发芽。该品种由江苏明天种业科技股份游戏公司独占许可经营。

◎淮麦 168 [皖审麦 20211017/(苏)引种 (2023) 第 131 号]：适合在安徽淮河以北及沿淮地区、江苏省淮北地区种植。半冬性，全生育期 223.8 天，比对照济麦 22 早熟 1.0 天。幼苗半匍匐，叶绿色，长势较强，叶片短小，分蘖力较强，成穗数一般。株高 85.7 厘米，株型半紧凑，旗叶上冲，茎秆弹性较好，穗层整齐，穗子大小均匀。长方形穗、长芒、白壳、白粒，半角质，籽粒饱满。两年区域试验产量三要素分别为亩穗数 42.6 万穗、40.5 万穗，穗粒数 38.8 粒、38.4 粒，千粒重 43.2 克、40.8 克。2018—2019 年度亩产 630.5 公斤，比对照济麦 22 增产 5.0%，成果显著。2019—2020 年度亩产 535.9 公斤，比对照济麦 22 增产 5.08%，成果显著。2020—2021 年度生产试验平均亩产 574.1 公斤，比对照济麦 22 增产 5.11%。2018—2019 年、2019—2020 年的品质分析结果分别为：容重 815 克/升、822 克/升，粗蛋白（干基）13.78%、13.89%，湿面筋（以 14% 水分计）33.4%、36.2%，吸水量 57.5 毫升/100 克、59.5 毫升/100 克，稳定时间 6.5 分钟、10.7 分钟，为中筋品种。抗病性鉴定：中感赤霉病，高感白粉病，感纹枯病。

◎华麦 17 号 [国审麦 20220074]：适合在黄淮冬麦区南片的河南省除信阳市（淮河以南稻茬麦区）和南阳市南部部分地区以外的平原灌区、陕西省西安市、渭南市、咸阳市、铜川市和宝鸡市灌区、江苏省淮河、苏北灌溉总渠以北地区，安徽省沿淮及淮河以北地区高中水肥地块早中茬种植。半冬性，全生育期 221.0 天，比对照周麦 18 熟期稍早。幼苗半匍匐，叶片细长，叶色深绿，分蘖力较强。株高 81.1 厘米，株型紧凑，抗倒性较好，整齐度好，穗层整齐，熟相好。穗长方形，长芒、白粒，籽粒半硬质、较饱满。亩穗数 39.7 万穗，穗粒数 35.3 粒，千粒重 44.5 克。2018—2019 年度参加国家小麦良种联合攻关黄淮冬麦区南片大区试验，平均亩产 572.4 公斤，比对照周麦 18 增产 3.4%；2019—2020 年度续试，平均亩产 539.8 公斤，比对照周麦 18 增产 5.0%；2020—2021 年度生产试验，平均亩产 564.0 公斤，比对照周麦 18 增产 6.1%。品质检测：籽粒容重 793.8 克/升、790.7 克/升，蛋白质含量 12.9%、14.0%，湿面筋含量 29.0%、27.4%，稳定时间 7.3 分钟、9.0 分钟，吸水率 64%、62%，最大拉伸阻力 374 E.U.、465 E.U.，拉伸面积 49 平方厘米、61 平方厘米。良种联合攻关大区试验抗病性鉴定：高感叶锈病、赤霉病、条锈病，中感纹枯病，中抗白粉病。该品种由江苏省大华种业集团有限公司独占许可经营。

主要小麦新品种简介

◎徐麦44 [国审麦 20220032]：由江苏徐淮地区徐州农业科学研究所选育的高产稳产优质中强筋小麦品种，适合在黄淮冬麦区南片的河南省除信阳市（淮河以南稻茬麦区）和南阳市南部部分地区以外的平原灌区，陕西省西安市、渭南市、咸阳市、铜川市和宝鸡市灌区，江苏省淮河、苏北灌溉总渠以北地区，安徽省沿淮及淮河以北地区，高中水肥地块中晚茬种植。弱春性，全生育期228.2天，比对照周麦18熟期稍早。幼苗半匍匐，叶片窄，叶色绿，分蘖力中等。株高85.1厘米，株型较松散，抗倒性较好，整齐度好，穗层整齐，熟相中等。穗长方形，长芒，白粒，籽粒硬质、较饱满。亩穗数42.2万穗，穗粒数34.3粒，千粒重44.9克。两年区试品质检测结果：籽粒容重808克/升、828克/升，蛋白质含量13.5%、13.5%，湿面筋含量30.8%、30.2%，稳定时间12.8分钟、20.8分钟，吸水率60%、61%，最大拉伸阻力551 E.U.、510 E.U.，拉伸面积101平方厘米、97平方厘米，两年品质指标均达到中强筋小麦标准。2018—2019年度参加黄淮冬麦区南片水地组区域试验，平均亩产609.5公斤，比对照周麦18增产7.6%；2019—2020年度续试，平均亩产582.5公斤，比对照周麦18增产7.4%，比淮麦40增产8.17%；2020—2021年度生产试验，平均亩产588公斤，比对照淮麦40增产7.6%。抗病性鉴定：高感纹枯病、赤霉病、白粉病、条锈病，中感叶锈病。该品种由连云港众祥种业有限公司独占许可经营。

◎徐麦185 [苏审麦 20210028]：由徐州佳禾农业科技有限公司选育，2021年通过江苏省审定，适合在江苏省淮北麦区种植。半冬性，全生育期平均226.6天，与对照淮麦20相当。株高78.4厘米，每亩有效穗数41.0万穗，穗粒数36.2粒，千粒重46.9克。幼苗半匍匐，叶色绿。分蘖力较强，成穗数较多，抗寒性较好。株型较紧凑，抗倒性较好，穗层整齐，熟相好，穗纺锤形，长芒、白壳、白粒，籽粒角质。2018—2020年度参加江苏省淮北小麦大华种业科企联合体区试，两年平均亩产586.4公斤，比对照淮麦20增产4.9%；2020—2021年度参加生产试验平均亩产597.4公斤，比淮麦20增产6.9%。2024年6月6日经专家在高产攻关田实收测产，平均亩产达801.4公斤，突破2023年稻茬小麦亩产744.3公斤全省第一的纪录，单产水平再创新高。经农业农村部谷物品质监督检测试中心测定：容重787克/升、833克/升，蛋白质（干基）13.4%、13.2%，湿面筋含量27.6%、27.8%，吸水率60.4%、61.5%，稳定时间8.5分钟、5.6分钟，最大拉伸阻力469E.U.、217E.U.，拉伸面积70平方厘米、43平方厘米，硬度指数66.3、63.5。经江苏省农业科学院植物保护研究所、江苏徐淮地区徐州农业科学研究所鉴定：中感赤霉病（接种鉴定中感赤霉病，严重度3.35、1.19、3.45，自然发病鉴定中感赤霉病，病指3.47、5.68、20.0），中感黄花叶病，高感纹枯病、白粉病、条锈病、叶锈病。该品种由徐州佳禾农业科技有限公司独占许可经营。

◎徐麦2100 [国审麦 20230127]：由徐州佳禾农业科技有限公司选育，适合在黄淮冬麦区南片的河南省除信阳市（淮河以南稻茬麦区）和南阳市南部部分地区以外的平原灌区，陕西省西安市、渭南市、咸阳市、铜川市和宝鸡市灌区，江苏省淮河、苏北灌溉总渠以北地区，安徽省沿淮及淮河以北地区高中水肥地块早中茬种植。半冬性，全生育期222.7天，比对照品种周麦18熟期稍晚，幼苗半匍匐，叶片宽，叶色中绿，分蘖力较强。株高80.2厘米，株型较松散，抗倒性较好，整齐度好，穗层整齐，熟相好。穗纺锤形，长芒，白粒，籽粒半硬质，饱满度较饱满。2019—2020年度参加新世纪黄淮南片小麦试验联合体水地组区域试验，平均亩产541.5公斤，比对照周麦18增产3.22%；2020—2021年度续试，平均亩产567.8公斤，比对照周麦18增产4.68%；2021—2022年度生产试验，平均亩产639.0公斤，比对照周麦18增产6.39%。亩穗数39.3万穗，穗粒数35.4粒，千粒重47.3克。2023年6月经国家、省级专家实地测产，平均亩产达768.8公斤，产量水平位居全省（旱茬）第一位。品质检测：籽粒容重804克/升、804克/升，蛋白质含量13.10%、13.06%，湿面筋含量26.2%、29.7%，稳定时间4.4分钟、3.7分钟，吸水率61.0%、56.0%，最大拉伸阻力184E.U.、184E.U.，拉伸面积35平方厘米、35平方厘米。该品种由徐州佳禾农业科技有限公司独占许可经营。

主要小麦新品种简介

◎ 徐麦 DH9 [国审麦 20230080 / 苏审麦 20210023]：由江苏徐淮地区徐州农业科学研究所利用玉米花粉诱导单倍体育种技术，并结合分子标记辅助选择（MAS），培育出的综合性状突出、具有赤霉病主效数量性状基因座（QTL）位点 Fhb1 的新品种。适合在黄淮冬麦区南片的河南省除信阳市（淮河以南稻茬麦区）和南阳市南部部分地区以外的平原灌区，陕西省西安市、渭南市、咸阳市、铜川市和宝鸡市灌区，江苏省淮河、苏北灌溉总渠以北地区，安徽省沿淮及淮河以北地区，高中水肥地块早中茬种植。半冬性，全生育期 219.4 天，与对照品种周麦 18 熟期相当，幼苗半匍匐，叶片小，叶色深绿，分蘖力强。株高 80.4 厘米，株型较紧凑，抗倒性较好，穗层厚，熟相中。穗长方形，长芒，琥珀色，籽粒半硬质，饱满度中等。亩穗数 42.8 万穗，穗粒数 33.2 粒，千粒重 42.1 克。品质检测：籽粒容重 833 克/升、839 克/升，蛋白质含量 15.80%、15.30%，湿面筋含量 33.6%、35.6%，稳定时间 5 分钟、6.5 分钟，吸水率 62.4%、58.6%，最大拉伸阻力 273 E.U.、328 E.U.，拉伸面积 45 平方厘米、54 平方厘米。2019—2020 年度参加国家小麦良种联合攻关黄淮冬麦区南片水地组大区试验，平均亩产 528.0 公斤，比对照周麦 18 增产 1.97%；2020—2021 年度续试，平均亩产 534.4 公斤，比对照周麦 18 增产 2.22%；2021—2022 年度生产试验，平均亩产 614.8 公斤，比对照周麦 18 增产 2.29%。抗病性鉴定：高感叶锈病，中感纹枯病、白粉病、条锈病，中抗赤霉病。江苏省区试鉴定：中感黄花叶病、中抗穗发芽。该品种由江苏省徐州大华种业有限公司独占许可经营。

徐麦35　徐麦DH9　徐麦029

◎ 新麦 58 [国审麦 20230055]：由河南省新乡市农业科学院育成，优质超强筋，矮秆抗倒，广适高产。半冬性，全生育期 223.7 天，比对照品种周麦 18 熟期早 1.3 天。幼苗半匍匐，叶片宽短，叶色黄绿，分蘖力较强。株高 79.8 厘米，株型较紧凑，抗倒伏，整齐度较好，穗层较整齐，熟相较好。穗纺锤型，长芒，白粒，籽粒硬质，饱满度较好。2019—2020 年度参加黄淮冬麦区南片水地组区域试验，平均亩产 559.6 公斤，比对照周麦 18 增产 3.26%；2020—2021 年度续试，平均亩产 549.3 公斤，比对照周麦 18 增产 3.84%；2021—2022 年度生产试验，平均亩产 617.6 公斤，比对照周麦 18 增产 5.69%。平均每亩穗数 42.3 万穗，每穗粒数 32.6 粒，千粒重 43.2 克。高产攻关潜力可达亩产 700 公斤以上。品质检测：籽粒容重 819 克/升、794 克/升，蛋白质含量 15.36%、17.06%，湿面筋含量 34.0%、36.1%，稳定时间 36.1 分钟、23.7 分钟，吸水率 61.0%、61.0%，最大拉伸阻力 691 E.U.、688 E.U.，拉伸面积 146 平方厘米、165 平方厘米。两个年度品质指标均达到强筋小麦标准。该品种江苏市场由江苏金土地种业有限公司独占许可经营。

新麦58

◎ 安农 188 [国审麦 20230070]：由安徽农业大学马传喜团队采用河南周麦 18、山东烟农 19、安徽皖麦 19、陕西西农 822 四个省份的品系聚交选育而成，适合在黄淮冬麦区南片种植，半冬性，全生育期 219.7 天，与对照品种周麦 18 熟期相当。幼苗半匍匐，叶片细长，叶色黄绿，分蘖力一般。株高 79.8 厘米，株型紧凑，抗倒性较好，整齐度一般，穗层整齐，熟相好。穗纺锤形，长芒，白粒，籽粒硬质，饱满度饱满。2019—2020 年度参加国家小麦良种联合攻关黄淮冬麦区南片水地组大区试验，平均亩产 556.1 公斤，比对照周麦 18 增产 5.74%；2020—2021 年度续试，平均亩产 572.6 公斤，比对照周麦 18 增产 8.35%；2021—2022 年度生产试验，平均亩产 654.9 公斤，比对照周麦 18 增产 8.95%。平均每亩穗数 42.1 万穗，每穗粒数 32.6 粒，千粒重 45.9 克。品质检测：籽粒容重 832 克/升、837 克/升，蛋白质含量 14.40%、13.80%，湿面筋含量 30.3%、29.9%，稳定时间 9.7 分钟、6.2 分钟，吸水率 60.6%、60.2%，最大拉伸阻力 440E.U.、500E.U.，拉伸面积 76 平方厘米、93 平方厘米。安农 188 被评定为 2023 年黄淮麦区国家小麦新品种核心展示示范暨第六届小麦新品种地展博览会专家推荐品种。2024 年安徽省小麦良种联合攻关项目新品种展示示范区现场实测 826.7 公斤/亩。抗病性鉴定：高感赤霉病、叶锈病，中感纹枯病、白粉病，中抗条锈病。该品种由隆平高科全资子公司安徽华皖种业有限公司独占许可经营。

琥珀色籽粒

主要参考文献

Jansman AJM，et al.，2002. Evaluation through literature data of the amount and amino acid composition of basal endogenous crude protein at the terminalileum of pigs [J]. Animal Feed Science and Technology，98(2): 49-60.

Marcussen T, et al.，2014. Ancient hybridizations among the ancestral genomes of bread wheat [J]. Science, 345(6194): 1250092.

程顺和，郭文善，王龙俊，2012. 中国南方小麦 [M]. 南京：江苏科学技术出版社 .

高嘉安，2001. 淀粉与淀粉制品工艺学 [M]. 北京：中国农业出版社 .

郭绍铮，彭永欣，钱维朴，等，1994. 江苏麦作科学 [M]. 南京：江苏科学技术出版社 .

金善宝，1996. 中国小麦学 [M]. 北京：中国农业出版社 .

刘巽浩，1998. 耕作学 [M]. 北京：中国农业出版社 .

[美] 迈克尔·C. 杰拉尔德，格洛丽亚·E. 杰拉尔德著；傅临春译，2017. 生物学之书 [M]. 重庆：重庆大学出版社 .

王龙俊，丁艳锋，郭文善，等，2017. 农事实用旬历手册（第 3 版）[M]. 南京：江苏凤凰科学技术出版社 .

王龙俊，郭文善，2016. 图说农谚 [M]. 南京：江苏凤凰科学技术出版社 .

王龙俊，陈震，蒋小忠，等，2015. 黄淮海地区农事旬历指导手册 [M]. 南京：江苏凤凰科学技术出版社 .

王龙俊，郭文善，封超年，2000. 小麦高产优质栽培新技术 [M]. 上海：上海科学技术出版社 .

王亚平，安艳霞，2011. 小麦面筋蛋白组成、结构和功能特性 [J]. 粮食与油脂，(1):1-4.

熊飞，张琛，余徐润，等，2013. 专用小麦胚乳背部和腹部淀粉粒发育的差异 [J]. 麦类作物学报，33（6）:1270-1276.

余松烈，2006. 中国小麦栽培理论与实践 [M]. 上海：上海科学技术出版社 .

乐超，王甫同，杨力，等，2014. 盐城实用农事 [M]. 南京：江苏凤凰科学技术出版社 .

赵志军，2015. 小麦传入中国的研究——植物考古资料 [J]. 南京文物，3：44-52.

中华农业科教基金会，2015. 农诗 300 首 [M]. 北京：中国农业出版社 .

中华农业科教基金会，2016. 农业物种及文化传承 [M]. 北京：中国农业出版社 .

主要编著者简介

王龙俊

男，汉族，1965年4月出生，江苏泰兴人，中共党员。1986年毕业于南京农业大学农学系，长期从事小麦等作物技术研究、推广与产业化开发。现任江苏省农业技术推广总站副站长，二级研究员，江苏省小麦产业技术体系首席专家，江苏省粮食作物现代产业技术协同创新中心首席科学家，农业农村部防灾减灾专家指导组成员，扬州大学、南京农业大学兼职教授。是江苏省青年科技奖获得者和"333高层次人才"中青年学术技术带头人、中青年领军人才，享受国务院政府特殊津贴。致力于农业科技推广与农耕文化传播，主持或参加省部级以上课题40余项，获省部级以上科技奖励30多项（次），发表论文及专业文章100余篇，编著图书70多种（累计出版发行140多万册）。可关注个人公众号：gonggengtianyuan【躬耕田园】。

姜东

男，汉族，1970年6月出生，山东烟台人，九三学社社员，南京农业大学教授、博导。现任南京农业大学科学研究院院长，农业农村部小麦区域技术创新中心主任，国家小麦产业体系岗位科学家。获国家杰出青年科学基金资助，入选"万人计划"科技创新领军人才、科技部科技创新中青年领军人才、江苏省"333高层次人才培养工程"第二层次培养对象（中青年领军人才），享受国务院政府特殊津贴。主要从事小麦生理生态、优质抗逆等领域研究以及优质小麦全产业链生产技术的推广应用，主持或参加省部级以上课题40余项，获省部级以上科技奖励8项（次），发表核心学术期刊论文300余篇，其中SCI收录论文140余篇，参与编著专著15部。